TRAITÉ COMPLET

DE

DESSIN LINÉAIRE.

Strasbourg, imprimerie de veuve Berger-Levrault, rue des Juifs, 37.

TRAITÉ COMPLET

DE

DESSIN LINÉAIRE,

À L'USAGE

DES JEUNES GENS QUI SE DESTINENT AUX ÉCOLES SPÉCIALES ET AUX PROFESSIONS INDUSTRIELLES ;

PAR

J. LIPOWSKI,

Professeur de géométrie descriptive et de dessin linéaire à l'école industrielle municipale,
et professeur de dessin linéaire au lycée de Strasbourg.

Troisième partie :

GÉOMÉTRIE DESCRIPTIVE.

1.er LIVRE,

COMPRENANT LA LIGNE DROITE ET LE PLAN.

STRASBOURG,

CHEZ VEUVE LEVRAULT, LIBRAIRE, RUE DES JUIFS, 33.

PARIS,

À SON DÉPOT GÉNÉRAL : CHEZ P. BERTRAND, LIBRAIRE,

Rue Saint-André-des-Arcs, 65.

1848.

PRÉFACE.

Un grand nombre de traités de dessin linéaire, d'architecture, etc., donnent, pour la solution des problèmes qu'ils présentent, des procédés que le lecteur doit accepter comme empiriques, mais qui, dans certains cas, sont loin de satisfaire son intelligence.

Ces procédés, cependant, sont parfaitement rigoureux et basés sur les principes de la géométrie descriptive.

Les résultats obtenus dans les cours que depuis plusieurs années nous faisons tant aux élèves de l'École industrielle qu'aux ouvriers de la ville, nous ont démontré l'utilité de joindre, autant que possible, la théorie à la pratique.

C'est dans cet esprit que cette troisième partie de notre ouvrage a été rédigée.

Les leçons que nous donnons au Lycée nous mettant continuellement en rapport avec les élèves qui se destinent aux écoles spéciales, nous avons cru leur rendre service en traitant un grand nombre de problèmes et de cas particuliers, exigés par les programmes d'admission à ces écoles.

Nous avons divisé cet ouvrage en deux livres. Dans le premier nous traitons les questions relatives à la ligne droite et au plan, et nous y donnons quelques applications usuelles et intéressantes. Dans le second nous parlerons des surfaces courbes, des plans tangents, des sections de surfaces par des plans, et des intersections des surfaces courbes.

Nous traiterons ensuite, en détail, les applications relatives aux ombres, à la perspective, à la coupe des pierres et à la levée des machines et des terrains.

Cette dernière partie, essentiellement pratique, sera surtout utile à ceux qui se destinent aux arts industriels et mécaniques.

Nous ne terminerons pas sans adresser nos remercîments à M. Bach, professeur de mathématiques supérieures au Lycée de Strasbourg. Son expérience et ses lumières nous ont été d'un précieux secours dans la tâche que nous nous sommes imposée.

Nous nous faisons un devoir de lui témoigner publiquement notre reconnaissance.

Strasbourg, le 10 juillet 1848.

INTRODUCTION.

Comme nous l'avons fait dans la seconde partie, nous poserons, avant d'aborder la géométrie descriptive proprement dite, certains théorèmes relatifs à la géométrie à trois dimensions, dont la connaissance est indispensable pour l'intelligence de cette troisième partie de notre traité.

Définitions et notions préliminaires.

1. Nous avons déjà donné la définition du *plan* dans la deuxième partie de notre Traité (Dessin géométrique, définition 8).

Le plan est complétement déterminé :

1.º Par trois points non en ligne droite;
2.º Par deux droites qui se coupent;
3.º Par une droite et un point;
4.º Par deux droites parallèles.

2. L'intersection de deux plans est une ligne droite. La ligne $L\,T$ (pl. 1, fig. 1) est l'intersection des deux plans $L\,T\,H$ et LTV.

3. Une droite est perpendiculaire à un plan, lorsqu'elle est perpendiculaire à toutes les droites menées par son pied dans le plan. Il suffit pour cela qu'elle soit perpendiculaire à deux d'entre elles, par exemple à $B\,C$ et à $B\,D$, pour qu'elle le soit à toutes. Le point B (fig. 2) est le pied de la perpendiculaire $A\,B$ sur le plan $M\,N$.

Réciproquement le plan $M\,N$ est dit perpendiculaire à la droite $A\,B$.

Remarque 1. Si par un point pris sur une droite, on lui mène autant de perpendiculaires que l'on voudra, le lieu de toutes ces perpendiculaires sera un plan perpendiculaire à la première droite (fig. 3).

Remarque 2. D'un point pris sur un plan, on ne peut mener à ce plan qu'une perpendiculaire. Il en est de même d'un point pris hors d'un plan. Le pied de cette perpendiculaire se nomme *projection* de ce *point* sur ce plan. Ainsi le point B (fig. 4) est la projection du point A sur le plan MN, et AB se nomme *ligne projetante*.

Remarque 3. La distance d'un point à un plan se mesure par la perpendiculaire abaissée de ce point sur le plan. La perpendiculaire AB (fig. 1) est la distance du point A au plan LTH, et AC la distance du point A au plan LTV.

Remarque 4. Deux droites perpendiculaires à un plan sont parallèles (fig. 5). Les droites AB et CD perpendiculaires au plan MN, sont parallèles.

Remarque 5. Deux droites dans l'espace, parallèles à une troisième, sont parallèles entre elles. Soit AB (fig. 5) parallèle à KI, et CD parallèle à KI, on a AB parallèle à CD.

4. Une droite qui n'est pas perpendiculaire au plan se nomme *oblique*. La ligne AE (fig. 4) est une oblique.

Remarque. Les obliques, qui s'écartent également du pied de la perpendiculaire, sont égales. Soit $BC = BC'$ et $BD = BD'$ (fig. 6), on a l'oblique $AC = AC'$ et $AD = AD'$.

5. Une droite est parallèle à un plan, lorsqu'elle ne rencontre pas ce plan à quelque distance qu'on les prolonge l'une et l'autre.

Remarque 1. Si une droite est parallèle à une droite située dans un plan, elle sera parallèle à ce plan (fig. 7).

Remarque 2. Une droite et un plan parallèles sont partout équidistants.

Remarque 3. Si une droite est parallèle à un plan, et que l'on mène par cette droite un plan qui coupe le premier, l'intersection de ces deux plans sera parallèle à la droite.

Remarque 4. Si une droite est parallèle à un plan, et que par un point pris dans ce plan on mène une parallèle à la droite, elle sera située dans le plan.

6. Deux plans sont parallèles, lorsqu'ils ne se rencontrent pas à quelque distance qu'on les prolonge.

Remarque 1. Par un point pris hors d'un plan, on ne peut mener qu'un seul plan qui lui soit parallèle.

Remarque 2. Deux angles situés dans l'espace et qui ont leurs côtés parallèles, sont égaux et déterminent des plans parallèles. Soit ABC et $A'B'C'$ (fig. 8) ces angles, on a le plan MN parallèle au plan $M'N'$.

7. Deux plans parallèles ont leur perpendiculaire commune.

Remarque. Deux plans parallèles sont partout équidistants.

8. On appelle *angle dièdre*, la quantité plus ou moins grande, dont s'écartent deux plans qui se coupent. Les deux plans se nomment *faces du dièdre;* leur intersection *arête du dièdre.* Le dièdre se désigne par 4 lettres. L'angle *ABCE* (fig. 9), formé par les deux plans *ABCD* et *ABFE*, est un angle dièdre; la ligne *AB* est l'arête du dièdre, les plans *ABCD* et *ABFE* en sont les faces.

9. On nomme *section droite, du dièdre* l'angle plan que l'on obtient en coupant le dièdre par un plan perpendiculaire à l'arête.

L'angle *aob* (fig. 9) est la section droite du dièdre.

Remarque 1. L'angle dièdre est mesuré par sa section droite, si l'on prend pour unité de dièdre celui dont la section droite est l'unité d'angle.

Remarque 2. Si la section droite est un angle droit, le dièdre est appelé *dièdre droit.* Les plans *QRP* et *MN* (fig. 10), qui forment le dièdre, sont dits perpendiculaires l'un à l'autre.

Remarque 3. Si la section droite est un angle obtus, le dièdre est appelé *dièdre obtus.*

Remarque 4. Si la section droite est un angle aigu, le dièdre est appelé *dièdre aigu.*

10. Un plan perpendiculaire à un autre, forme avec lui deux dièdres adjacents, qui sont droits. *PRQN* et *PRQM* (fig. 10) sont des dièdres droits.

Remarque 1. Lorsqu'une droite est perpendiculaire à un plan, tout plan conduit suivant cette droite est perpendiculaire au premier.

Remarque 2. Si deux plans sont perpendiculaires l'un à l'autre, et que par leur commune intersection on mène des perpendiculaires à l'un des plans, elles seront situées tout entières dans l'autre plan.

11. Si deux plans sont perpendiculaires à un troisième, leur intersection est perpendiculaire à ce troisième plan. L'intersection *AB* (fig. 11) de deux plans *PQ* et *RS* perpendiculaires au plan *MN,* est perpendiculaire à ce dernier.

Remarque 1. Si deux droites sont parallèles, et que par ces droites on mène deux plans qui se coupent, leur intersection sera une parallèle à ces droites. Le plan *EN* (fig. 12), mené suivant *CD,* et le plan *FM* mené suivant *AB,* se coupent suivant une droite *EF,* parallèle à *AB* et *CD.*

Remarque 2. Si, par les différents points d'une droite, on abaisse des perpendiculaires sur un plan, le lieu de ces droites sera un plan perpendiculaire au premier. L'intersection de ces deux plans se nomme *projection orthogonale* de la droite sur le premier plan. La ligne *ab* (fig. 13) est la projection de la droite *AB* sur le plan *MN,* et *AabB* se nomme *plan projetant la droite.*

12. L'angle d'une droite avec un plan est mesuré par l'angle que fait cette droite avec sa projection sur le plan. Soit AB la droite (fig. 14), l'angle α représentera l'inclinaison de la droite AB, par rapport au plan MN.

Remarque. Si, au lieu de mener par la droite des perpendiculaires au plan, on mène des obliques parallèles entre elles, toutes ces obliques seront également dans un même plan. L'intersection du premier plan avec celui des parallèles, se nomme *projection oblique* de la droite sur le premier plan. La ligne ab (fig. 15) est la projection oblique de la droite AB sur le plan MN.

Remarque importante. Si la projection d'une droite sur un plan passant par une autre droite est perpendiculaire à celle-ci, les deux droites sont perpendiculaires entre elles. Soit aB (fig. 16), projection de AB sur le plan MN, et perpendiculaire à CD, AB sera perpendiculaire à CD.

13. On appelle *angle solide,* l'espace compris entre plusieurs plans qui tous se coupent au même point. Les intersections des plans sont les *arêtes de l'angle solide;* le point où les arêtes viennent concourir se nomme *sommet de l'angle;* les angles formés par les arêtes successives se nomment *faces.* Les lignes AS, BS, CS, DS et ES sont les arêtes; ASB, BSC, CSD, DSE et ASE sont les faces, et le point S est le sommet de l'angle solide (fig. 17).

Remarque. Si l'angle solide a trois, quatre, cinq, etc., faces, il se nomme angle solide *trièdre, tétraèdre, pentaèdre,* etc. On l'appellera *angle polyèdre,* s'il a un nombre quelconque de faces.

14. On nomme *polyèdre,* un solide terminé de toutes parts par des plans. Ces plans, par leurs intersections mutuelles, forment les *arêtes du polyèdre.* Les polygones que ces arêtes déterminent, se nomment *faces du polyèdre;* le point où plusieurs arêtes viennent concourir, se nomme *sommet du polyèdre;* la ligne qui joint les deux sommets non appartenant à la même face, se nomme *diagonale du polyèdre.*

La ligne AB (fig. 28), est la diagonale de l'hexaèdre. La ligne CD (fig. 29), est la diagonale de l'octaèdre.

Remarque. Un polyèdre terminé par 4 faces se nomme *tétraèdre;* par 6 faces, *hexaèdre;* par 8, *octaèdre;* par 12, *dodécaèdre;* par 20, *icosaèdre.*

15. On nomme *prisme,* un solide ou polyèdre qui a pour faces latérales des parallélogrammes, terminés de part et d'autre par deux polygones égaux et parallèles, qu'on appelle *base inférieure* et *base supérieure* du prisme.

Remarque 1. Le prisme est *droit,* lorsque les faces latérales sont des rectangles; dans ce cas les arêtes de ces faces sont perpendiculaires aux plans des bases. Dans le cas contraire, le prisme est *oblique.*

Remarque 2. On obtient la *hauteur d'un prisme,* en abaissant une perpendiculaire d'un point quelconque de la base supérieure sur le plan de la base inférieure.

Remarque 3. Un prisme est *triangulaire* (fig. 18), *quadrangulaire* (fig. 19), *pentagonal* (fig. 20), *hexagonal* (fig. 21), selon que les bases sont des triangles, des quadrilatères, des pentagones, des hexagones, etc.

Remarque 4. Le prisme, qui a pour bases des parallélogrammes, a toutes ses faces parallélogrammiques, et se nomme *parallélipipède.*

Remarque 5. Le *parallélipipède* est dit *rectangle,* lorsque toutes ses faces sont des rectangles.

Remarque 6. Lorsque toutes les faces du parallélipipède sont des carrés égaux, ce parallélipipède prend le nom de *cube* ou *hexaèdre* régulier (fig. 28).

16. On nomme *pyramide,* un solide ou polyèdre formé par plusieurs faces triangulaires, partant d'un même point appelé *sommet* de la pyramide, et se terminant aux côtés d'un polygone qui sert de *base* à la pyramide (fig. 22).

Remarque 1. L'ensemble des faces triangulaires se nomme *surface convexe* ou *latérale* de la pyramide.

Remarque 2. On obtient la hauteur de la pyramide, en abaissant une perpendiculaire du sommet sur le plan de la base.

Remarque 3. La pyramide est *triangulaire, quadrangulaire, pentagonale,* etc., selon que la base est un triangle, un quadrilatère, un pentagone, etc.

Remarque 4. Une pyramide est *régulière,* lorsque la base est un polygone régulier, et qu'en même temps la perpendiculaire abaissée du sommet sur le plan de la base, passe par le centre de cette base : cette ligne s'appelle l'*axe* de la pyramide.

17. On appelle *cylindre,* le solide engendré par la révolution d'un rectangle qu'on imagine tourner autour d'un de ses côtés qui reste fixe.

Soit *A B C D* (fig. 23) un rectangle donné; dans ce mouvement de révolution, les lignes *A D* et *B C* restent perpendiculaires à *A B*, et les points *D* et *C* décrivent des circonférences égales avec les rayons *A D* et *B C*; les plans circulaires sont appelés *bases du cylindre,* et les circonférences de ces cercles se nomment DIRECTRICES; le côté *D C*, qui engendre par son mouvement la *surface convexe du cylindre,* s'appelle GÉNÉRATRICE. La ligne *A B* s'appelle *axe du cylindre.*

Remarque. On peut définir le cylindre d'une manière plus générale. Étant donnée une *directrice,* qui consiste en une courbe quelconque, et la direction d'une *génératrice,* on obtiendra, en faisant mouvoir la génératrice parallèlement à sa première position et en s'appuyant sur la directrice, une surface dite *cylindrique*.

18. Le solide produit par la révolution d'un triangle rectangle qu'on conçoit tourner autour d'un des côtés de l'angle droit, s'appelle *cône*.

Soit ABC (fig. 24) un triangle rectangle, qu'on imagine tourner autour du côté AB qui reste fixe : dans ce mouvement le point C décrit une circonférence qu'on appelle *directrice*; le plan circulaire sera la *base du cône*, et l'hypoténuse AC, nommée *génératrice, côté* ou *apothème*, engendrera la *surface convexe du cône*. Le point A se nomme *sommet du cône*, et AB *hauteur du cône*.

Remarque 1. Si l'on suppose une droite indéfinie AC (génératrice) [fig. 25], qui passe toujours par un point donné S, s'appuyant toujours sur une courbe donnée $MNOP$, de forme quelconque (directrice), cette droite engendrera une *surface conique*.

Remarque 2. Les surfaces coniques se distinguent par leur directrice : si la directrice est un *cercle*, une *ellipse*, une *parabole*, etc., la surface conique est *circulaire, elliptique, parabolique*, etc.

19. Si l'on fait tourner un demi-cercle autour de son diamètre, la demi-circonférence de ce demi-cercle engendrera une *surface de révolution*, qu'on nomme *surface sphérique*, et le solide ainsi formé sera appelé *sphère*. Le diamètre AB (fig. 26) se nomme *axe de la sphère*; le point C, *centre de la sphère*; la ligne CD, *rayon de la sphère*.

Remarque. Le cylindre, le cône et la sphère sont les trois corps ronds qu'on considère dans les éléments de géométrie.

20. On nomme *polyèdre régulier*, un polyèdre dont toutes les faces sont des polygones réguliers, égaux et inclinés.

Remarque. Il ne peut y avoir que cinq polyèdres réguliers :

1.º *Tétraèdre* ou *pyramide régulière*, formée par quatre triangles équilatéraux (fig. 27).

2.º *Hexaèdre* ou *cube*, formé par six carrés égaux (fig. 28).

3.º *Octaèdre*, formé par huit triangles équilatéraux (fig. 29).

4.º *Dodécaèdre*, formé par douze pentagones réguliers (fig. 30).

5.º *Icosaèdre*, formé par vingt triangles équilatéraux (fig. 31).

GÉOMÉTRIE DESCRIPTIVE.

L'homme a dû de tout temps s'attacher à reproduire par imitation les différents objets qui s'offraient à sa vue. Cette imitation peut se faire de deux manières essentiellement distinctes, soit en *relief,* soit sur une surface qui le plus ordinairement est *plane.* Ce dernier mode d'imitation comprend l'art du dessin et de la peinture.

Cet art est soumis à des règles parfaitement déterminées, tant pour la configuration des contours que pour la répartition de l'ombre et de la lumière sur la figure tracée.

Un dessin, et surtout une peinture exécutée d'après toutes les règles de l'art, offre une illusion parfaite, c'est-à-dire que le spectateur, examinant un pareil travail, confondra pour ainsi dire l'image avec la réalité.

Ce mode d'imitation, le seul possible sous le point de vue artistique, n'est cependant pas toujours suffisant. En effet, quelle que soit la perfection d'un tableau, nous aurons toujours à son inspection une idée un peu vague des rapports de grandeur et de position des objets qu'il représente.

Aussi les architectes ne se sont-ils jamais contentés de traduire leurs projets par des dessins du genre de ceux dont nous venons de parler. Ils ont fait de tout temps des dessins spéciaux, nommés *plans,* essentiellement différents par leur nature des précédents, et au moyen desquels l'ouvrier pût connaître d'une manière mathématique la forme, la grandeur, la position des objets qu'il était chargé de reproduire.

L'illustre Monge rassembla tous les procédés, souvent compliqués, mis de son temps en usage pour le tracé de ces plans. Il les perfectionna, les régularisa . pour en former un corps de doctrine, une véritable science précieuse, non-seulement pour l'architecte et l'ingénieur, mais aussi pour le géomètre, qui peut l'appliquer à des recherches théoriques.

Cette science est la *Géométrie descriptive*; son but est la description graphique des corps et la réduction au dessin géométrique proprement dit, des constructions à effectuer dans l'espace. On arrive à ce but en employant la méthode dite des *projections*.

Des projections.

Nous savons déjà ce qu'on entend par projection d'un point sur un plan (déf. 3, rem. 2), et projection d'une droite sur un plan (déf. 11, rem. 2). Il nous reste encore à faire voir comment on détermine la projection d'une courbe.

1. Le lieu des perpendiculaires abaissées de tous les points de la courbe sur le plan donné, se nomme *cylindre projetant*, et l'intersection du cylindre avec le plan, *projection de la courbe.*

Soit ABC (pl. 7, fig. 1) cette courbe; si l'on abaisse des points A, B, C, etc., des perpendiculaires, les pieds de ces perpendiculaires détermineront une ligne courbe abc, qui sera la projection de la courbe donnée sur le plan MN.

2. Nous avons vu (déf. 11, rem. 2) que la projection d'une droite sur un plan est une ligne droite.

Remarque 1. Si la droite AB est inclinée sur le plan MN, la projection de AB sur MN sera plus petite que AB et sera le côté d'un triangle rectangle, dont AB serait l'hypoténuse et dont l'autre côté serait la différence entre Aa et Bb. Car on a (fig. 2) $Ab' = ab$ et $Bb' = Bb - b'b = Bb - Aa$.

Remarque 2. Si AB est parallèle au plan MN, la projection d'une portion limitée de la droite, sera égale à cette portion de la droite elle-même (fig. 3).

Remarque 3. Si la droite est perpendiculaire au plan, la projection de cette droite sur le plan se réduit à un point (fig. 4).

3. *La projection d'un point de l'espace sur un plan ne suffit pas pour déterminer ce point;* car, si par cette projection on élève une perpendiculaire au plan, tout point situé sur cette perpendiculaire aura la même projection. Pour déterminer un point de l'espace, il faut connaître ses projections sur deux plans quelconques, nommés *plans de projection*. Le point cherché sera alors l'intersection de deux perpendiculaires élevées aux plans de projection par les points donnés.

Une droite n'est pas non plus déterminée dans l'espace, quand on a une de ses projections; car si, suivant la droite donnée, on mène un plan perpendiculaire au plan de projection, toute ligne droite ou courbe située dans ce plan aura la même projection.

9

Théorème 1.

4. *Pour que deux points pris sur des plans qui se coupent, soient les projections d'un même point de l'espace, il faut et il suffit que les perpendiculaires abaissées de ces points sur leur commune intersection[1], s'y coupent en un même point.*

1.º Cette condition est nécessaire. Soient a et a' (fig. 5) les projections d'un même point A sur deux plans LTM et LTN; je dis que les perpendiculaires αa et $\alpha a'$, abaissées des points a et a' sur LT, se couperont au même point α.

En effet, par Aa et Aa', faisons passer un plan qui coupe LT en α; $a\alpha$ et $\alpha a'$ seront les intersections de ce plan avec LTM et LTN; le plan $a'\alpha aA$ étant perpendiculaire à chacun des plans de projection, le sera à leur intersection LT (déf. 11). Donc LT est perpendiculaire au plan $a'\alpha aA$, et par conséquent l'est aussi aux droites $a\alpha$ et $\alpha a'$, qui passent par son pied dans le plan.

2.º Cette condition est suffisante. Si des points a et a', on abaisse des perpendiculaires qui se rencontrent sur un même point α de LT, a et a' sont les projections d'un même point A. Car si par αa et $\alpha a'$ nous faisons passer un plan, ce plan sera perpendiculaire à LT, et par suite à LTM et LTN. Or, si deux plans sont perpendiculaires, et que par un point de leur intersection on élève une perpendiculaire à l'un des plans, cette perpendiculaire se trouve tout entière dans l'autre plan. Ainsi, si par a, on élève une perpendiculaire à LTM, cette perpendiculaire se trouvera dans le plan $a\alpha a'A$, de même que la perpendiculaire élevée à LTN par a'. Donc, le point projeté sera à l'intersection A de ces deux perpendiculaires.

Théorème 2.

5. *Une droite est déterminée par ses projections sur deux plans qui se coupent.*

Soient ab et $a'b'$ (fig. 6) les projections d'une droite; par ab, menons un plan perpendiculaire à LTM; par $a'b'$, un plan perpendiculaire à LTN; l'intersection AB de ces deux plans, sera la droite cherchée.

Remarque 1. Si les deux projections de la droite étaient perpendiculaires à la ligne de terre en un même point, la droite projetée ne serait pas déterminée dans l'espace, car toute ligne située dans le plan $b'ab$ (fig. 6ª), aurait les mêmes projections.

---

1. Cette intersection LT (fig. 5) prend le nom de *ligne de terre*. On l'appelle ainsi, parce que dans les applications où l'on prend le sol pour plan horizontal, elle représente le terrain sur le plan vertical.

3.ª Partie.2

Remarque 2. Une courbe serait également déterminée par ses projections; pour cela il suffirait d'élever les cylindres projetants. Cependant, si ces courbes étaient limitées, il pourrait se faire que les cylindres projetants ne se rencontrassent pas; par conséquent la courbe ne serait pas déterminée.

Remarque 3. Si ab et $a'b'$ (fig. 6^b) sont perpendiculaires à LT, mais ne coupent pas cette ligne en un même point, les plans perpendiculaires menés suivant ab et $a'b'$, ne se rencontrent pas; par suite, ab et $a'b'$ ne sont pas les projections d'une même droite.

6. *Lorsqu'une droite est perpendiculaire à l'un des plans de projection, sa projection sur ce plan se réduit à un point, tandis que l'autre projection est perpendiculaire à la ligne de terre* (fig. 7).

Théorème 3.

7. *Les projections de deux droites parallèles sur un même plan, sont parallèles.*

Soient AB et CD (fig. 8) les deux droites parallèles; je dis que les projections ab et cd sont parallèles. En effet, Cc et Aa sont parallèles comme étant perpendiculaires à un même plan MN; donc les plans menés suivant ces lignes le seront; d'où il suit que les deux projections ab et cd sont parallèles, comme intersection de deux plans parallèles par un troisième.

Théorème 4.

8. *Si les projections de deux droites sur deux plans sont parallèles, les droites qu'elles déterminent sont parallèles.*

Soit ab, $a'b'$, et cd, $c'd'$ (fig. 9) les projections parallèles, deux à deux, de deux droites AB et CD de l'espace; je dis que ces droites sont parallèles. Concevons les plans projetants suivant $a'b'$ et $c'd'$, ainsi que le plan projetant passant par cd. Les deux premiers plans sont parallèles et coupés par le troisième; donc on a EF parallèle à CD. De même les plans projetants suivant ab et cd, coupés par le troisième mené suivant $a'b'$, donnent AB parallèle à EF, d'où il suit que AB est parallèle à CD (déf. 3, rem. 5).

On appelle *traces* d'un plan, les intersections de ce plan avec chacun des plans de projection.

Nous avons vu (déf. 1.re) de combien de manières on peut déterminer un plan. Ainsi nous pouvons appliquer la méthode des projections à trois points non en ligne droite, à deux droites qui se coupent, à une droite et un point, et enfin, à deux droites parallèles; cependant il vaut mieux représenter les plans par leurs traces. Par exemple $p'qp$ (fig. 11) est un plan dont qp et qp' sont les traces.

Remarque 1. Si le plan est parallèle à l'un des plans de projection, sa trace sur ce plan n'existe pas, et sa trace sur l'autre est parallèle à l'intersection des deux plans de projection, comme intersection de deux plans parallèles par un troisième.

Remarque 2. Si un plan est perpendiculaire à la ligne de terre, ses traces seront perpendiculaires à cette ligne.

Théorème 5.

9. *Quand une droite et un plan sont perpendiculaires, la projection de la droite et la trace du plan sur un même plan de projection, sont perpendiculaires.*

Soit une droite AB (fig. 10) perpendiculaire au plan EFN; projetons AB sur EFM; soit ab cette projection, je dis que ab est perpendiculaire à EF. Suivant AB, je mène un plan perpendiculaire au plan EFM; ce plan est perpendiculaire aux plans EFM et EFN, donc il est perpendiculaire à leur intersection EF; par suite EF est perpendiculaire au plan aB, ainsi qu'à la ligne ab, qui passe par son pied dans le plan.

La réciproque n'est pas vraie, car toutes les droites menées dans le plan aB, auraient la même projection ab.

Théorème 6.

10. *Si les projections d'une droite sur deux plans sont respectivement perpendiculaires aux traces d'un plan, la droite est perpendiculaire au plan.*

Soient ab et $a'b'$ (fig. 11) respectivement perpendiculaires aux traces qp et qp'; si par ab on mène un plan perpendiculaire à LTM, ce plan sera perpendiculaire à qp, par suite au plan $p'qp$; si par $a'b'$, on mène un autre plan perpendiculaire à LTN, ce plan sera perpendiculaire à qp', par suite au plan $p'qp$; donc l'intersection de ces deux plans sera perpendiculaire au plan $p'qp$.

11. *Remarque* 1. Jusqu'à présent on n'a fait aucune hypothèse sur l'angle des deux plans de projection, mais, afin de rendre les constructions plus simples, on prendra dans la suite des plans perpendiculaires entre eux : l'usage veut que l'on considère l'un de ces plans comme *horizontal*, et l'autre comme *vertical*.

Suivant qu'une droite est parallèle ou perpendiculaire au plan horizontal, on dit que cette droite est *horizontale* ou *verticale*.

On nomme *projection horizontale d'un point* ou *d'une droite*, la projection de ce point ou de cette droite sur le plan horizontal, et projection verticale, la projection sur le plan vertical.

Une trace située dans le plan vertical, se nomme *trace verticale*; celle qui se trouve dans le plan horizontal, s'appelle *trace horizontale*.

Il est évident, en considérant ainsi les plans de projection, que la projection verticale de toute droite horizontale, est parallèle à la ligne de terre.

La projection horizontale de toute droite parallèle au plan vertical, est parallèle à la ligne de terre.

La trace verticale de tout plan horizontal, est parallèle à la ligne de terre.

La trace verticale d'un plan vertical, est perpendiculaire à la ligne de terre.

Remarque 2. Afin de réunir toutes les constructions sur un seul plan, on fait tourner l'un des plans, par exemple le plan horizontal, autour de l'intersection. De cette manière, les lignes tracées dans ce plan n'auront pas changé; mais, pour concevoir nettement leur position dans l'espace, il faut, par la pensée, remettre le plan rabattu dans sa première situation.

Théorème 7.

12. *Lorsque deux plans sont rabattus l'un sur l'autre, les projections d'un même point sont sur une même ligne perpendiculaire à la ligne de terre.*

Soient a et b (fig. 12) les projections d'un point P. Projetons-les sur la ligne de terre en o, et rabattons le plan $L\,TN$ autour de $L\,T$, le point a demeurera toujours sur une perpendiculaire à la ligne de terre, et viendra par suite en b' sur le prolongement de ob; donc b et b', projections d'un point P de l'espace, sont situées sur une même perpendiculaire à la ligne de terre.

Théorème 8.

13. *Les perpendiculaires menées sur la ligne de terre, à partir des projections d'un point, mesurent les distances réciproques du point aux plans de projection.*

Soit A (fig. 13) un point de l'espace, projetons ce point en a et a'; ensuite projetons ces derniers sur la ligne de terre $L\,T$ en o; $A\,a\,o\,a'$ sera un rectangle; car les angles en a et a', ainsi que l'angle en o, sont droits, comme section droite du dièdre; donc l'angle A l'est aussi, et on a $a'A = oa$ et $a'o = A\,a$.

Problème 1.

14. *Déterminer les différentes positions qu'un point peut occuper quant aux plans de projection.*

13

Si l'on suppose les plans de projection prolongés indéfiniment, et soient VV' et HH' (fig. 14) ces deux plans, nous conviendrons de nommer la partie LTH du plan horizontal, située en avant du plan vertical VV', *partie antérieure;* la partie LTH', située derrière le plan vertical VV', se nommera *partie postérieure.*

La partie LTV du plan vertical, située au-dessus du plan horizontal HH', se nommera *partie supérieure;* la partie LTV', située au-dessous du plan horizontal HH', se nommera *partie inférieure.*

De plus, ces deux plans formeront quatre angles dièdres, que l'on désignera par les noms des parties qui les comprennent, ainsi :

1.er dièdre, $HLTV$, se nommera angle antérieur-supérieur.

2.e dièdre, $H'LTV$, — — postérieur-supérieur.

3.e dièdre, $H'LTV'$, — — postérieur-inférieur.

4.e dièdre, $HLTV'$, — — antérieur-inférieur.

Cela posé, supposons que a et a' sont les projections d'un point A de l'espace, situé dans le dièdre antérieur-supérieur. Faisons tourner le plan HH' autour de LT, de manière que LTH coïncide avec LTV', et LTH' avec LTV. Dans cette rotation, le point a restant toujours sur une perpendiculaire à la ligne de terre en o, viendra se placer sur le prolongement de $a'o$ en a''; oa' représentera la distance du point A au plan horizontal, et oa'' sa distance au plan vertical. On pourra donc représenter, sur une feuille de papier, la position de ce point par ses deux projections a et a', situées sur aa', perpendiculaire à la ligne de terre LT (fig. 15). La partie qui s'étend au-dessous de la ligne de terre, représentera le plan horizontal, et celle qui s'étend au-dessus, le plan vertical.

Si le point se trouve dans le second dièdre postérieur-supérieur, par exemple en B, sa projection verticale sera b', et la projection horizontale b. Dans le rabattement des plans, le point b décrira un arc de cercle, et viendra se placer en b'' sur ob'. L'épure sera représentée par les deux projections b et b' (fig. 16), situées sur une même perpendiculaire à LT, et au-dessus de cette dernière.

Si le point occupe une position telle que D, dans le troisième dièdre postérieur-inférieur, sa projection verticale sera d', et d sa projection horizontale. Lorsqu'on fera tourner le plan HH', sa projection verticale ne changera pas, tandis que la projection horizontale viendra en d'', sur la droite od''.

L'épure sera représentée par deux points situés sur une même perpendiculaire à LT, savoir : d (fig. 17) projection horizontale au-dessus de LT, et d' projection verticale au-dessous.

Enfin, si le point se trouve dans le quatrième dièdre antérieur-inférieur, par exemple en *C,* sa projection verticale sera *c',* et la projection horizontale *c;* après la rotation du plan horizontal, le point *c* viendra s'appliquer en *c''* sur la perpendiculaire *c''o.* L'épure sera représentée par deux points *c* et *c'* (fig. 18), situés sur une même perpendiculaire à *L T,* au-dessous de la ligne de terre.

Ce qui précède nous permettra facilement de déterminer les projections d'une droite, située dans l'un des quatre dièdres. La figure 19 représente les quatre positions générales que peut occuper la droite, et la figure 20 représente l'exécution de l'épure sur une feuille de papier.

On voit que la projection verticale d'une droite, ne dépend nullement de la projection horizontale, de sorte qu'on peut tracer *arbitrairement* les lignes pour représenter les projections d'une droite de l'espace. Il n'y aurait d'exception que dans le cas où les deux plans projetant la droite, se confondraient en un seul. Cela a lieu, toutes les fois que la droite de l'espace et ses deux projections se trouvent dans un plan perpendiculaire à *L T.* Dans ce cas, les deux projections *ab* et *a'b'* (fig. 21), ne suffiraient plus pour définir la droite de l'espace, et il faudrait connaître encore les projections de deux points situés sur la droite, ou bien une troisième projection sur un autre plan fixe non parallèle à *L T.*

Pour reconnaître exactement le plan auquel est relative chacune des projections du point ou de la droite, nous adopterons la notation suivante.

1.° De petites lettres sans accents représenteront les projections horizontales.

2.°   —   accentuées   —   —   verticales.

3.° Des lettres majuscules, les points et les droites de l'espace.

Ainsi *a, a'* et *b, b'* désigneront les points *A* et *B* de l'espace; *ab, a' b'* et *cd, c' d'* désignent les droites de l'espace *AB* et *CD.*

Remarque. On comprendra facilement les épures (fig. 15, 16, 17, 18 et 20) en admettant par la pensée que le plan horizontal *HH',* tourne autour de la ligne de terre, comme charnière, jusqu'à ce qu'il coïncide exactement avec le plan vertical, de telle sorte que la partie antérieure du plan horizontal *L T H,* s'applique sur la partie inférieure *L T V'* du plan vertical, et se trouve en avant de cette dernière; la partie postérieure du plan horizontal, dans ce mouvement, s'appliquera derrière la partie supérieure du plan vertical *L T V.* Les deux plans n'en faisant plus qu'un, toutes les projections, et par conséquent l'image de l'objet que l'on considère, se trouveront dans un même plan. On voit par là comment, au moyen de ce rabattement, on pourra représenter sur une feuille de papier, toutes les positions qu'un point, une droite, etc., peuvent occuper dans l'espace.

15

Nous ferons observer encore que pendant le cours du raisonnement, il faut toujours, par la pensée, relever le plan horizontal de projection, et le figurer dans une position perpendiculaire au plan vertical, tandis que le rabattement sera employé comme moyen d'exécution.

15. On sait que la position d'une droite est déterminée, lorsqu'on connaît deux de ses points. — On appelle *traces d'une droite*, les points où elle rencontre les deux plans de projection. Soient LM et LN (fig. 22) ces plans, et AB une droite de l'espace; si l'on prolonge indéfiniment cette dernière, elle percera le plan LM en un point h, qui sera la *trace horizontale*; et le plan LN sera percé au point v, qui sera la *trace verticale*.

Nous allons, dans le problème suivant, donner un moyen général pour trouver les traces d'une droite.

Problème 2.

16. *Étant données les projections d'une droite, trouver ses traces.*

1.º Soient ab, $a'b'$ (fig. 23) les projections d'une portion de droite indéfinie de l'espace AB, située dans le premier dièdre. La trace de la droite, ou le point de rencontre d'une droite avec l'un des plans de projection, appartenant à ce plan et au plan projetant la droite, appartient à l'intersection de ces plans, c'est-à-dire à la projection de la droite. Ensuite, le point où la droite perce le plan vertical, est projeté horizontalement sur la ligne de terre LT, et sur la ligne ab, indéfiniment prolongée. Donc le point v, intersection de ces deux lignes, est la projection horizontale du point cherché. Si du point v, on élève une perpendiculaire à la ligne de terre, l'intersection v' de cette ligne avec la projection verticale de la droite donnée, sera le point où la droite de l'espace perce le plan vertical.

D'où résultera cette règle générale : Pour trouver la trace verticale d'une droite, il faut : 1.º *prolonger la projection horizontale de la droite jusqu'à la ligne de terre*; 2.º *de ce point, élever une perpendiculaire indéfinie à la ligne de terre, qui, par sa rencontre avec la projection verticale, détermine la trace verticale de la droite proposée.*

La trace horizontale de la même droite, étant un point situé à la fois dans le plan horizontal et sur la droite donnée, se trouvera projetée verticalement sur la ligne de terre LT, et sur $a'b'$, indéfiniment prolongée. Donc, cette trace aura pour projection verticale le point h', et par suite elle sera placée en un point quelconque de la perpendiculaire $h'h$, élevée à la ligne de terre. Mais cette trace doit aussi se trouver sur la projection horizontale indéfinie ab; donc elle est au point *h*. En général, pour trouver la trace horizontale d'une droite, *prolongez la projection verticale jusqu'à la ligne de terre, et, à ce point, élevez sur cette dernière ligne, une perpendiculaire indéfinie qui, par sa rencontre avec la projection horizontale, déterminera la trace horizontale de la droite en question.*

Les traces d'une droite étant ainsi trouvées, non-seulement on a une idée exacte de la position de la droite, mais encore on peut facilement déterminer la véritable grandeur de la portion de droite comprise entre ses traces. En effet, remarquons qu'elle est égale à l'hypothénuse d'un triangle rectangle, dont les côtés sont vh et vv'. Pour avoir cette hypothénuse, il suffit donc de faire le rabattement de ce triangle rectangle autour de vh, comme charnière, sur le plan horizontal de projection, ou bien autour de la hauteur verticale vv', pour l'amener sur le plan vertical de projection. On obtient de cette manière deux droites, $V_{,}h$ et $v'H_{,}$, dont chacune représente la véritable grandeur de la droite, située dans le premier dièdre.

L'angle α représentera ici l'inclinaison de la droite, par rapport au plan horizontal de projection.

Remarque 1. Si l'on prend un point $C_{,}$, sur la droite $hV_{,}$, rabattue dans le plan horizontal, il sera facile de trouver ses projections. Il suffit pour cela d'abaisser du point $C_{,}$, une perpendiculaire sur la projection horizontale de la droite; on obtiendra la projection horizontale c; par le point c, on mène une perpendiculaire à LT, et le point de rencontre c' de cette dernière avec la projection verticale $h'v'$, sera la projection verticale du point en question.

Remarque 2. Nous ferons observer que $C_{,}c$ est égal à $c'\gamma$; donc la projection verticale d'un point rabattu en $C_{,}$, peut s'obtenir sans le secours de la projection verticale de cette droite.

2.° Si la droite est située dans le second dièdre, ses projections après le rabattement auront une position telle que vh et $v'h'$ (fig. 24); dans ce cas encore il suffit, pour déterminer les traces, d'élever aux points v et h' des perpendiculaires, jusqu'à la rencontre des projections; on aura v' trace verticale, et h trace horizontale.

La véritable grandeur de la droite interceptée entre les faces du dièdre, est l'hypothénuse d'un triangle construit sur vh et vv' : les droites $V_{,}h$ et $H_{,}v'$ représentent la véritable grandeur.

3.° Supposons la droite située dans le troisième dièdre. Après le rabattement, les projections seront vh, $v'h'$ (fig. 25); on fera la même construction que pour le premier dièdre; la trace verticale sera v' et la trace horizontale sera h.

La véritable grandeur sera $V_{,}h$ ou $H_{,}v'$.

4.º Enfin, si la droite est dans le quatrième dièdre, ses projections après le rabattement seront $vh, v'h'$ (fig. 26), ses traces v' et h, et sa véritable grandeur $V_{,}h$ ou $v'H_{,}$.

Avant de traiter les cas particuliers de ce problème, nous engagerons à revoir, dans la deuxième partie de notre traité, ce qui est relatif au *tracé des lignes des épures* (p. 12). Nous avons eu soin d'appliquer exactement ces règles au tracé des épures précédentes, et par ce moyen de ponctuation, le dessin indique clairement la situation relative des différentes parties : on distingue celles qui sont cachées de celles qui sont visibles à l'observateur. Enfin, il sera facile de ne pas confondre les résultats du problème, avec les lignes qui n'ont servi que de moyens auxiliaires pour arriver au but.

Nous allons encore donner quelques règles indispensables pour dessiner les épures de géométrie descriptive. On commencera par faire un cadre sur la feuille de papier; on tracera après cela, par le milieu, une ligne horizontale indéfinie, puis une seconde droite exactement perpendiculaire au milieu de la première (voir 2.ᵉ Partie, probl. 1). Les deux lignes ainsi tracées, serviront à donner une juste direction aux lignes de terre des épures, qui seront généralement horizontales; quant aux lignes auxiliaires, elles seront ou parallèles ou perpendiculaires aux deux lignes. On les obtiendra facilement au moyen de la règle et de l'équerre (voir 2.ᵉ Partie, p. 8).

Enfin, pour éviter les inexactitudes, nous recommanderons de tracer les lignes de terre, ainsi que les droites *données* ou *principales,* de la même grosseur.

Exercices.

17. *Trouver les traces d'une droite,* dans le cas où :

1.º L'une des projections est parallèle à la ligne de terre;

2.º L'une des projections est perpendiculaire à la ligne de terre;

3.º Les deux projections se coupent sur la ligne de terre ;

4.º Les deux projections sont sur une même perpendiculaire à la ligne de terre.

Réciproque. Trouver les projections d'une droite :

1.º Lorsque les traces données sont sur une droite perpendiculaire à $L\,T$.

2.º Lorsque les traces ne sont pas sur une perpendiculaire à $L\,T$.

Solution.

1.ᵉʳ Cas. Si par les projections données, on mène les plans projetants, le plan $hCEG$ (fig. 27), mené par la projection ab, parallèle à $L\,T,$ est perpendiculaire au plan horizontal, et parallèle au plan de projection vertical LV, tandis que le second, mené par $a'b'$, aura une position quelconque, mais donnera, par son intersection avec le premier, une droite AB, parallèle au plan LV; cette droite ne pourra donner qu'une trace horizontale h.

L'épure s'obtient facilement d'après ces considérations; car si ab (fig. 27^a) parallèle à LT, figure la projection horizontale, et $a'b'$ la projection verticale de la droite de l'espace, alors le plan projetant, mené par $a'b'$, aura $a'b'$ pour sa trace verticale, et la ligne $h'h$ perpendiculaire à LT, pour sa trace horizontale, tandis que le plan projetant, mené par ab, n'aura qu'une trace unique dans ab; mais l'intersection h des deux traces horizontales étant un point commun aux deux plans projetants, appartiendra à la ligne de leur intersection, et en formera la trace horizontale.

Même raisonnement, pour le cas où la projection verticale serait parallèle à la ligne de terre (fig. 27^b).

2.e Cas. Le plan projetant $CFdE$ (fig. 28), mené suivant la projection verticale $a'b'$, sera perpendiculaire au plan horizontal de projection. Par conséquent la droite AB, résultant de son intersection avec le plan projetant $KebR$, mené par ab, sera parallèle au plan vertical LV, et ne donnera alors qu'une trace horizontale h.

Pour obtenir l'épure, on mènera par $a'b'$ (fig. 28^a) le plan projetant, qui aura $a'b'$, pour trace verticale, et le prolongement dh de $a'b'$, pour trace horizontale; alors son intersection h avec la trace horizontale ab du second plan projetant, donnera la trace horizontale h, cherchée.

3.e Cas. De ce que les projections données ab, $a'b'$ (fig. 29), se coupent en un même point α de la ligne de terre, il résulte que les plans projetants $m\alpha m'$, $n\alpha n'$, menés par ces projections, doivent s'y rencontrer et donner, par leur intersection, une droite AB qui passe au même point α de la ligne de terre LT. Alors suivant que cette droite sera:

Dans l'un des plans de projection, elle aura une de ses projections sur la ligne de terre, et l'autre dans celui des plans qui renferme la droite; quant à sa trace, elle sera toujours en α; si la droite est dans l'espace, elle aura ses projections suivant ab, $a'b'$, et sa trace au point α de la ligne de terre.

4.e Cas. Dans le cas où les deux projections de la droite se confondent en une même perpendiculaire à la ligne de terre, la droite devra être définie par les projections de deux de ses points. Soient a,a' et b,b' (fig. 30 et 30^a) ces deux projections; soit d'ailleurs A, le point dont les projections sont a,a'; B celui dont les projections sont b, b'. Faisons tourner le plan $g \alpha g'$ autour de αg, pour le ramener sur le plan horizontal. Dans ce mouvement, le rectangle $A a' \alpha a$ de l'espace se rabattra suivant le rectangle $\alpha a A_{,} a''$, et le point $A_{,}$ sera le rabattement du point A de l'espace sur le plan horizontal; l'arc de cercle décrit du point α comme centre, avec $\alpha a'$ comme rayon, représente la marche que suivra le point a' dans ce rabattement. Par une construction semblable, on trouvera que le point B de l'espace se rabat en $B_{,}$ et par conséquent, $A_{,}B_{,}$ sera le rabattement de la droite sur le plan horizontal, autour de la charnière αg; cette droite prolongée rencontre la charnière en h, et la ligne de terre en v''. Lorsqu'on ramènera le plan rabattu dans sa véritable position, en le faisant de nouveau tourner autour de αg, le point h, qui est sur la charnière, ne changera pas de position, et il sera par conséquent la trace horizontale de la droite. Quant au point v'', il décrira un arc de cercle ayant pour rayon $\alpha v''$, qui viendra se placer en v' sur $\alpha g'$; donc v' sera la trace verticale de la droite.

Remarque. En supposant qu'on prenne sur la droite les points a, a' et b, b' (fig. 30^b), la trace horizontale serait en h, et la trace verticale en v'; ce qui fait connaître que la portion de droite comprise entre les traces, est située dans l'angle dièdre supérieur-postérieur.

Le lecteur fera bien de s'exercer sur les cas particuliers suivants, dont nous donnons les épures (fig. 31, 32); on se rappellera que ab et $a'b'$ sont les projections de la droite, h trace horizontale, et v' trace verticale.

1.re *Réciproque.* Les traces se trouvant sur une perpendiculaire à la ligne de terre, il résulte que la droite qui les joint représente les projections demandées (fig. 33). Pour terminer la solution de la question, il importe de pouvoir déterminer les projections d'autant de points de la droite que l'on voudra.

Effectuons le rabattement de la droite autour de αh (fig. 34), comme charnière, sur le plan horizontal; ce rabattement est $hV_{,}$. Soit pris un point quelconque $C_{,}$, sur la droite rabattue, construisons le rectangle $C_{,}c \alpha c''$, en relevant le plan qui contient la droite, dans sa véritable position; le sommet c restera immobile, et c'' décrira un arc de cercle, pour venir se placer en c'; c, c' seront les projections du point C de l'espace, situé sur la droite, dont les traces sont h et v'.

2.e *Réciproque.* Les traces données se trouvant à l'intersection des traces des plans projetants, et l'une de ces traces étant perpendiculaire à la ligne de terre LT, tandis que l'autre joint le pied de cette perpendiculaire à la trace opposée.

il résulte qu'en abaissant de v' (fig. 20^a) une perpendiculaire $v'v$ sur LT, puis joignant le point v à la trace h, on aura dans $v'vh$, le plan projetant perpendiculaire au plan de projection horizontal, et dans vh, la projection horizontale ab de la droite; abaissant de même la perpendiculaire hh' sur LT, et menant $h'v'$, on aura dans $hh'v'$ le plan projetant perpendiculaire au plan de projection vertical, et dans $a'b'$, la projection verticale de la droite.

Si les traces données h et v' (fig. 20^c) étaient inversement situées, on prouverait, par un raisonnement semblable au précédent, que la perpendiculaire hh' abaissée de la trace horizontale h donnée, sur la ligne de terre LT, et la ligne qui joint le point h' au point v', figurent le plan projetant perpendiculaire au plan vertical de projection; ce plan donne $a'b'$ pour la projection verticale de la droite, tandis que la perpendiculaire $v'v$ et la ligne vh, figurent le plan projetant $v'vh$ perpendiculaire au plan horizontal, qui donne ab pour la projection horizontale de la droite.

PROBLÈME 3.

18. *Par un point donné par ses projections, mener une droite parallèle à une droite donnée.*

Soient a, a' (fig. 35) les projections d'un point, et $bc, b'c'$ celles d'une droite. Les projections de la droite demandée doivent passer respectivement par les projections du point donné (n.ºs 7 et 8), et être parallèles aux projections de la droite donnée. On aura donc $de, d'e'$, pour les projections de la droite demandée.

Parmi les droites que l'on peut concevoir sur un plan, on distingue:

1.º *Les horizontales du plan.* Ce sont les droites situées sur le plan donné, et parallèles au plan horizontal de projection. Ainsi $va, v'a'$ (fig. 36) sont les projections de l'horizontale du plan $p\alpha p'$.

2.º *Les parallèles à la trace verticale du plan.* Ce sont les droites situées sur le plan donné, et parallèles au plan vertical de projection. Ainsi $hb, h'b'$ (fig. 37) sont les projections d'une droite parallèle à la trace verticale $\alpha p'$. Quelques auteurs nomment cette droite *verticale du plan.*

3.º *Les lignes de plus grandes pentes par rapport au plan horizontal.* Ce sont les droites perpendiculaires à la trace horizontale de ce plan, et situées entièrement dans le plan donné. Ainsi $vh, v'h'$ (fig. 38) sont les projections de la droite de plus grande pente, par rapport au plan horizontal.

4.º *Les lignes de plus grandes pentes par rapport au plan vertical.* Ce sont des droites situées dans le plan, et perpendiculaires à la trace verticale du plan : $c\,d$, $c'\,d'$ (fig. 39) sont les projections d'une droite de plus grande pente, par rapport au plan vertical.

PROBLÈME 4.

19. *Étant données les traces d'un plan et l'une des projections d'un point situé dans ce plan, trouver l'autre projection.*

Soient $p\,\alpha$ et $\alpha\,p'$ (fig. 40) les traces d'un plan, et soit m la projection horizontale d'un point situé dans ce plan. Il s'agit de déterminer sa projection verticale. A cet effet, menons par ce point une droite; ses projections passeront par les projections du point situé sur cette droite. Soit ab la projection horizontale de la droite, le point a sera la trace horizontale de cette droite, dont a' est la projection verticale. Le point b est la projection horizontale de la trace verticale de la droite; mais comme cette trace verticale doit se trouver sur la trace verticale du plan, pour l'obtenir, il suffira d'élever une perpendiculaire $b\,b'$ à la ligne de terre, et on obtiendra ainsi le point b'. On a donc deux points de la projection verticale de la droite, et par suite elle sera déterminée en $a'b'$. La projection verticale du point cherché doit se trouver sur $a'b'$ et en outre sur une perpendiculaire élevée du point m sur $L\,T$; donc elle sera en m'.

Cas particulier. Si la projection horizontale du point se trouvait en dehors des traces du plan, la manière d'opérer serait absolument la même. On suppose encore une droite passant par le point dans l'espace. Soit ab (fig. 40 a) sa projection horizontale; a' sera la trace verticale; b' étant la projection verticale de sa trace horizontale, $a'b'$ sera la projection verticale de la droite, et m' la projection cherchée.

Ce problème répond aussi à la solution de celui-ci : *Étant donnée la projection horizontale d'une droite située dans un plan, trouver la projection verticale.*

PROBLÈME 5.

20. *Tracer dans un plan donné :* 1.º *une horizontale du plan ;* 2.º *une droite parallèle à la trace verticale du plan.*

1.º L'horizontale du plan étant parallèle au plan horizontal, sa projection verticale $a'\,v'$ (fig. 41) est parallèle à la ligne de terre; sa trace verticale v' doit être sur la trace verticale du plan et sur la projection verticale de la droite; donc elle sera à leur commune intersection. On déterminera la projection horizontale v de la trace verticale de l'horizontale, en abaissant une perpendiculaire à *L T*. Comme cette droite est parallèle à la trace horizontale αp du plan, la projection horizontale *v a* le sera aussi.

2.º Le même raisonnement nous conduira à déterminer une droite parallèle à la trace verticale. Les deux droites, situées sur le même plan $p' \alpha p$, se coupent en un point *M*, dont les projections sont *m, m'*, et doivent se trouver sur une même perpendiculaire à la ligne de terre, ce qui sert à vérifier l'épure.

PROBLÈME 6.

21. *Tracer dans un plan donné les lignes de plus grandes pentes : 1.º par rapport au plan horizontal; 2.º par rapport au plan vertical.*

1.º D'après le n.º 18, la droite de plus grande pente est perpendiculaire à la trace horizontale αp (fig. 39) du plan donné; donc la projection horizontale *h v* l'est aussi; on déterminera sa projection verticale *h' v'*.

2.º On trouvera par le même raisonnement les projections *c d, c' d'* de la droite de plus grande pente, par rapport au plan vertical. Ces deux droites, étant situées dans un même plan, auront un point commun *M*, qui doit avoir ses projections *m', m* sur une même ligne perpendiculaire à la ligne de terre.

22. Nous avons vu dans le problème n.º 16, rem. 1, 2, comment, étant donné un point situé dans un plan perpendiculaire à l'un des plans de projection, on peut déterminer la position de ce point en rabattement, lorsqu'on fait tourner le plan qui le contient autour de sa trace horizontale comme charnière, pour le ramener sur le plan de projection. Réciproquement, comment, le point étant donné en rabattement, on peut déterminer ses projections, lorsque le plan qui le contient reprend sa véritable position.

Nous allons nous proposer de résoudre la même question et sa réciproque, en supposant le point situé dans un plan faisant un angle quelconque avec les plans de projection.

PROBLÈME 7.

23. *Étant données les traces d'un plan et les projections d'un point situé dans ce plan, on demande où ce point viendra se placer, lorsqu'on fait tourner le plan autour de l'une de ses traces, comme charnière, pour le ramener sur le plan de projection de même nom.*

Soit *R Q R'* (fig. 42) le plan donné et soit pris dans ce plan un point *M*, dont les projections sont *m, m'*. Par le point *m, m'*, imaginons une droite de plus grande pente par rapport au plan horizontal de projection. Le pied de cette droite sera en h, pied de la perpendiculaire abaissée de la projection m sur RQ. Si maintenant on fait tourner le plan RQR' autour de sa trace horizontale RQ, comme charnière, la droite de plus grande pente ne cessera pas de rester perpendiculaire à RQ, et par conséquent, le point M de l'espace viendra se placer sur le prolongement de mh, et à une distance du point h, égale à cette droite de plus grande pente. D'ailleurs cette droite est l'hypoténuse d'un triangle rectangle dont mh et om', sont les deux côtés. Rabattons ce triangle autour de mh, sur le plan horizontal; le côté vertical deviendra parallèle à RQ, et si nous prenons mm'' égal $m'o$, hmm'' sera le rabattement du triangle de l'espace Mmh autour de mh. Donc $m''h$ est égal à la droite de plus grande pente; reportons par un arc de cercle m'' en $M_{\prime}$, qui sera le rabattement du point M.

Remarque. Veut-on avoir le rabattement de la droite cd, $c'd'$, on remarquera que le point c, qui est sur la charnière, demeure immobile. Il suffira donc de joindre $cM_{\prime}$, et on aura le rabattement demandé. Si l'on veut connaître le point où d' se rabat, il suffit de mener dk parallèle à mh, jusqu'à sa rencontre avec $cM_{\prime}$ en $d_{\prime}$; $d_{\prime}$ sera le rabattement de d', car $d'k$ dans l'espace, est la droite de plus grande pente du point d', laquelle se rabat sur le prolongement de dk.

Vérification. 1.° Qd' doit être égal à $Qd_{\prime}$. 2.° Si l'on rabat autour de dk le triangle rectangle $d'dk$, kd'' sera parallèle à hm'' et égal à $kd_{\prime}$. 3.° Enfin, si l'on joint Q et $d_{\prime}$, on aura le rabattement de la trace verticale QR', sur le plan horizontal de projection.

PROBLÈME 8.

24. *Étant donné le rabattement $I_{\prime}$, d'un point I, que l'on sait être situé dans le plan RQR', trouver ses projections.*

Menons $I_{\prime}l$, perpendiculaire à la trace RQ (fig. 42), $I_{\prime}l$ sera le rabattement de la droite de plus grande pente du point I de l'espace, et d'ailleurs la représentera en vraie grandeur. Si alors nous faisons tourner le plan Ilf, autour de lf, pour le ramener sur le plan horizontal de projection, la droite de plus grande pente se rabattra suivant une parallèle aux directions hm'' et kd'', et le point I viendra, dans ce rabattement en i'', en vertu de la remarque 1 n.° 16. Le point i, pied de la perpendiculaire abaissée de i'' sur lf, sera la projection horizontale du point I; abaissant du point i une perpendiculaire $i\gamma$ et prenant $\gamma i'$ égal à ii'', i' sera la projection verticale du point I de l'espace.

Vérification. Si l'on détermine $l'f'$ projection verticale de la droite projetée horizontalement en lf, le point i' devra se trouver sur $l'f'$.

Autre vérification. Si l'on prolonge $l\,l$, jusqu'à sa rencontre avec $Q\,d$, en s, $Q\,s$ sera égal à $Q\,f'$.

L'ensemble des procédés que nous venons d'exposer, constitue la méthode dite des *rabattements*, méthode précieuse en géométrie descriptive; nous l'emploierons fréquemment pour la solution des problèmes, dont nous aurons à nous occuper ultérieurement. La solution des deux problèmes suivants par cette méthode, en fera voir de suite l'utilité.

Problème 9.

25. *Sur une droite donnée de grandeur et de position et située dans un plan donné, construire un carré et en donner les projections.*

Soient $g'\,\gamma\,g$ (fig. 43) le plan donné, et $p\,q$, $p'\,q'$ les projections de la droite située dans ce plan; on rabat la trace verticale v de cette droite, sur le plan horizontal (probl. 7) en $V_{\prime\prime}$, et menant $V_{\prime\prime}\,A$, cette droite sera le rabattement de la droite $P\,Q$ située dans le plan, et sur laquelle doit se trouver le côté du carré. Supposons encore que l'un des sommets du carré se trouve au point A, trace horizontale de cette droite, il suffira de construire sur $A\,V_{\prime\prime}$ et avec le côté donné N, le carré $A\,B\,C\,D$; relevant alors chacun des sommets, d'après la règle indiquée au problème 8, on formera les projections verticales et horizontales des sommets du carré, qui sont les parallélogrammes $a'\,b'\,c'\,d'$ et $A\,b\,c\,d$.

Remarque. La construction de cette épure présente plusieurs vérifications, savoir :

1.º Les projections $b,\,b'$ du point B, doivent se trouver sur les projections $p\,q$, $p'\,q'$ de la droite donnée, puisque le point B se trouve sur le rabattement de la droite.

2.º Les projections $c,\,c'$ du troisième sommet C étant obtenues, celle $d,\,d'$ du quatrième sommet D, doivent se trouver au quatrième sommet du parallélogramme construit avec les trois premières projections.

3.º Les projections du même point doivent se trouver sur une perpendiculaire à la ligne de terre $L\,T$, et de plus satisfaire aux conditions qui expriment que ces points sont sur le plan donné.

Problème 10.

26. *Déterminer les projections d'un cube, sachant qu'il repose par sa base sur un plan $g'\,\gamma\,g$, et que l'arête de grandeur donnée N se trouve sur une droite $p\,q$, $p'\,q'$, située dans ce plan (fig. 44).*

On détermine, comme au problème n.º 25, le carré $ABCD$ et ses projections $abcd, a'b'c'd'$. Les arêtes du cube étant perpendiculaires au plan donné $g'\gamma g$, il en résulte que les projections de ses droites seront perpendiculaires aux traces du plan $g'\gamma g$; qu'en outre elles doivent comprendre les projections des sommets de la base supérieure du cube. Comme d'ailleurs les projections de cette base doivent former un parallélogramme égal à celui formé par les projections de la base inférieure, il suffira de déterminer les projections de l'un des sommets, puis d'achever le parallélogramme égal à $abcd$ et $a'b'c'd'$, pour arriver à la solution du problème. Or un de ces sommets, par exemple celui qui correspond à b, b', peut être obtenu, en prenant, sur les projections de l'arête élevée en b, b', un point quelconque m, m'; puis rabattant celui-ci en $M_{\prime}$ et menant $b'M_{\prime}$, on aura le rabattement de l'arête; portant alors AB de b' en $E_{\prime}$, on aura en $E_{\prime}$ le rabattement du sommet cherché. Enfin, la projection verticale e' du sommet $E_{\prime}$ s'obtiendra elle-même au moyen de l'intersection de la parallèle à LT menée par $E_{\prime}$ avec la perpendiculaire abaissée de b' sur la trace verticale $\gamma g'$ du plan; achevant maintenant le parallélogramme $e'f'h'k'$, et déterminant par ses sommets ceux du parallélogramme $efhk$, on aura les projections des huit sommets du cube.

Les mêmes vérifications se présentent comme au problème précédent.

Problème 11.

27. *Trouver les projections d'une droite qui passe par deux points donnés, ainsi que la véritable grandeur de la portion de droite qui unit ces points.*

Soient a, a' et b, b' (fig. 45 et 45^a) les projections de deux points de l'espace A et B. Il est évident que la projection horizontale de la droite passera par les points a et b, tandis que la projection verticale passera par a' et b'; donc la portion de cette droite indéfinie est projetée suivant ab et $a'b'$.

Pour trouver la distance entre deux points donnés, nous rappellerons que :

1.º Si les deux points A et B sont situés dans un plan parallèle à l'un des plans de projection, la droite qui les unit se projette en vraie grandeur sur ce plan, car les perpendiculaires au plan de projection, qui ont servi à projeter les deux points, sont parallèles; donc la droite de l'espace et sa projection sont égales, comme parallèles comprises entre parallèles.

2.º Si les deux points sont dans un plan quelconque, les projections de la droite qui les unit seront $ab, a'b'$. Si l'on fait tourner le plan projetant la droite horizontalement, autour de la verticale Bb, jusqu'à ce que ce plan soit parallèle au plan vertical de projection, alors la droite AB sera aussi parallèle au plan vertical, et sa projection horizontale sera ba, parallèle à la ligne de terre. Observons que dans ce mouvement, le point A de l'espace a décrit un arc de cercle perpendiculaire à la verticale Bb, qui a projeté le point B en b, sur le plan horizontal; la trace verticale qr de ce cercle est donc la parallèle à la ligne de terre; si actuellement du point a, on mène une perpendiculaire à la ligne de terre, et qu'on la prolonge jusqu'à la rencontre avec la trace verticale qr, du plan de l'arc, on a en A, la projection verticale du point A, dans sa nouvelle position. Si l'on mène la ligne A, b', on obtient la projection verticale de la droite, qui unit les deux points dans une position parallèle au plan vertical, et par suite, la véritable grandeur de cette droite.

Nous ferons observer ici que la droite qui unit les deux points donnés, est le quatrième côté du trapèze $a''pb'A$, dont les côtés parallèles sont les verticales qui projettent horizontalement les deux points A et B, et que le troisième côté est la projection horizontale de la droite. On pourra encore obtenir la longueur cherchée, en rabattant, dans le plan horizontal, le trapèze invariable autour de ab, comme charnière; les deux côtés verticaux se rabattront suivant les perpendiculaires aA, et bB, respectivement égales à $a''A$, et pb'; on obtient ainsi les trois côtés du trapèze, dont le quatrième A,B, est la longueur demandée, puisqu'il est le rabattement de la distance entre les deux points A et B.

Vérification. Déterminons la trace horizontale h de la droite qui unit les deux points A et B, et observons que ce point est fixe, puisqu'il est situé sur la charnière ab; or, dans le mouvement de ce trapèze autour de la charnière, le prolongement de la droite de l'espace ne cessera pas de passer par le point fixe, d'où il résulte que le rabattement de cette droite sur le plan horizontal, doit aussi concourir au point h.

Remarque importante. Pour trouver la véritable grandeur d'une portion de droite, comprise entre les points a, a' et b, b', faites un triangle rectangle A, qb', dont un côté qb' soit la différence entre $b'p$ et $a'o$, hauteurs des deux points A et B, au-dessus du plan horizontal, et dont l'autre côté A,q soit égal à la projection horizontale de cette portion de droite; l'hypoténuse A, b' sera la distance demandée.

Réciproquement, si l'on donnait la droite indéfinie $ab, a'b'$ (fig. 45ᵃ) avec un de ses points a, a', et qu'on voulût trouver sur cette droite un autre point c, c', qui fût éloigné du premier d'une quantité N, on rabattrait comme précédemment la droite proposée, sur le plan horizontal, en faisant $bB,$ égal pb', et traçant $B, h.$

Sur $B_{\prime}h$, à partir du point $A_{\prime}$, on prendra une partie $A_{\prime}C_{\prime}$ égale à la longueur N; puis, en relevant la droite rabattue $B_{\prime}h$, le point $C_{\prime}$ se ramènerait en c, par une perpendiculaire à la charnière ab; enfin, de la projection horizontale c, on conclurait la projection verticale c', ce qui détermine complétement le point demandé C.

Problème 12.

28. *Les traces de deux plans étant connues, construire les projections de leur intersection.*

Soient $a'oa$ et $b'qb$ (fig. 46) les plans donnés, dont les traces verticales, ainsi que les traces horizontales, se rencontrent dans les limites du dessin.

Le point de rencontre f' des traces verticales, et le point de rencontre e des traces horizontales des deux plans, sont deux points de leur intersection; de plus, ce sont les points où cette droite perce les deux plans de projection. Donc, en effectuant les constructions indiquées (n.° 17, récipr. 2), on obtiendra les projections ef, $e'f'$ de l'intersection des deux plans donnés.

Remarque 1.re Si l'un des plans donnés est *perpendiculaire à l'un des plans de projection*, au plan vertical par exemple (fig. 47), la projection verticale de l'intersection se confond avec la trace verticale. On a ef et of' pour les projections de l'intersection des deux plans $a'oa$ et $b'qb$.

Remarque 2. Si l'un des plans donnés est perpendiculaire au plan horizontal, et l'autre au plan vertical de projection, les projections de l'intersection ab, $a'b'$ se confondent avec les traces des plans PaQ et $Tb'U$ (fig. 48).

Exercices.

29. *Trouver les projections de l'intersection de deux plans,* lorsque:

1.° Les traces ne se rencontrent pas sur l'un des plans de projection;

2.° L'un des deux plans seul est parallèle au plan vertical de projection;

3.° Les traces ne se rencontrent sur aucun plan de projection;

4.° L'un des plans est parallèle et l'autre perpendiculaire à LT;

5.° L'un des plans est parallèle à LT, et l'autre passe par LT et un point;

6.° Les traces se rencontrent sur LT, sans être en ligne droite;

7.° Les traces se rencontrent en dehors de LT et sont en ligne droite.

Solutions.

1.er Ex. Soient $a'oa$ et $b'qb$ (fig. 49) les plans donnés, et supposons que les traces verticales ne se rencontrent pas. On voit ici que les constructions indiquées dans le n.° 28 ne conduiraient point au résultat. Pour y parvenir, faisons usage d'un troisième plan *auxiliaire* $d'rd$ parallèle à $b'qb$, et déterminons ensuite les projections $ef, e'f'$ de l'intersection du plan de construction dit *auxiliaire*, avec le plan donné $a'oa$. Comme les intersections de deux plans parallèles par un troisième sont parallèles, il en résulte qu'en menant par le point g, appartenant à la droite demandée, la ligne gh parallèle à fe, et en abaissant la perpendiculaire gg' sur LT, puis en menant $g'h'$ parallèle à $e'f'$, on aura les lignes gh et $g'h'$, qui seront les projections de l'intersection demandée.

Lorsque dans l'un des plans de projection les traces, par exemple les traces horizontales, sont parallèles entre elles, le point d'intersection v' (fig. 50) des deux traces verticales, est évidemment la trace verticale de l'intersection des deux plans donnés. La projection horizontale va de cette droite doit rencontrer les traces horizontales des deux plans donnés, au point de leur intersection. Or ce point est situé à l'infini, puisque les traces op et rs sont parallèles entre elles. Il suit de là que l'intersection des deux plans donnés est une horizontale; elle passera par le point v' et sera représentée par les projections va, $v'a'$.

Remarque. Si les deux plans sont perpendiculaires au plan horizontal, leur intersection n'aura pas de trace verticale, et sera perpendiculaire au plan horizontal de projection (fig. 51).

2.ᵉ Ex. Soit QPQ' (fig. 52) le premier plan, et OR le second, parallèle au plan vertical de projection. L'intersection de ces deux plans sera parallèle à PQ', comme intersection de deux plans parallèles par un troisième; par suite la projection verticale $a'b'$ de cette intersection sera parallèle à PQ', et la projection horizontale se confondra avec la trace horizontale du plan OR.

3.ᵉ Ex. Lorsque les traces des deux plans abc et def (fig. 53) ne se rencontrent pas dans les limites du dessin, on coupe les deux plans donnés par deux plans OP et QR parallèles au plan vertical de projection et aussi éloignés que possible de ce dernier; on cherche ensuite les projections des intersections des deux plans donnés, avec les deux plans auxiliaires OP et QR. Soient $o'm'$, $p'm'$, $q'n'$, $r'n'$ ces projections; elles se coupent aux points n' et m', appartenant à la projection verticale $m'n'$ de l'intersection des deux plans donnés. Pour avoir la projection horizontale de cette intersection, nous ferons observer que les plans auxiliaires étant perpendiculaires au plan horizontal, les projections des points qui y sont contenus seront sur leurs traces horizontales : donc, en abaissant des points m' et n' les perpendiculaires indéfinies sur LT, on obtiendra les projections horizontales m et n, et en menant la ligne mn, on aura la projection horizontale de l'intersection.

On pourrait arriver au même résultat, en coupant le plan def (fig. 54) par un plan ghk, parallèle au plan abc; l'intersection du plan auxiliaire avec le plan def sera parallèle à l'intersection des plans abc et def; donc les projections de ces intersections le seront aussi. Déterminons ensuite les projections op, $o'p'$ de l'intersection des plans def et ghk, et au moyen d'un plan QR parallèle au plan vertical, déterminons celles d'un point de l'intersection des deux plans abc et def; menons ensuite par les projections q et q' les lignes il et $i'l'$ parallèles à op et $o'p'$, ces lignes seront les projections de l'intersection cherchée.

4.ᵉ Ex. Ce cas ne présente aucune difficulté. Voyez les constructions indiquées sur la figure 55.

5.ᵉ Ex. Soit ab, $a'b'$ (fig. 56) le plan donné, parallèle à la ligne de terre $L\,T$, et P, le point par lequel passe le plan $LTIH$, conduit par la ligne de terre; si par le point P, on mène un plan vertical $d'\delta d$, il coupera les deux plans donnés suivant les droites $c'c$ et δP; le point d'intersection O de ces droites, appartient à l'intersection EF, qui d'ailleurs sera parallèle à LT.

Pour construire les projections de l'intersection (fig. 56ᵃ), il faut avoir les traces du plan parallèle à la ligne de terre; soient donc $a'b'$ et ab ces traces, et p, p' les projections d'un point P, par lequel passe le plan mené par la ligne de terre; soit en outre $d'\delta d$ le plan vertical conduit par le point p, p'. Les projections de son intersection avec le plan ab, $a'b'$ seront les droites $\delta c'$, δc. En rabattant sa trace horizontale c sur la ligne de terre $L\,T$ en $C_{\prime}$, et en menant $c'\,C_{\prime}$, on aura le rabattement de l'intersection sur le plan vertical : le rabattement $\delta P_{\prime}$ de l'intersection du plan auxiliaire, avec le plan mené par $L\,T$ et p, p', s'obtiendra en rabattant en $P_{\prime}$ le point p, p' sur le plan vertical, et en menant la droite $\delta P_{\prime}$, on obtient l'intersection $O_{\prime}$ des droites $c'\,C_{\prime}$ et $\delta P_{\prime}$, qui sera le rabattement d'un point de l'intersection sur le plan vertical. En opérant comme au problème 2 (cas particuliers), on aura les projections o, o' du point O; les parallèles $e'f'$, ef, menées par o, o' à $L\,T$, seront les projections de l'intersection.

Supposons maintenant que les plans donnés soient parallèles à la ligne de terre. Les traces de ces plans seront parallèles à cette ligne (fig. 57), leur intersection l'est aussi, d'où il suit que si l'on détermine un point de l'intersection, le problème sera résolu.

Pour construire l'épure, on peut employer un plan auxiliaire perpendiculaire à la ligne de terre ou un plan quelconque. Nous donnerons une solution par la théorie des rabattements, et une autre par la théorie des projections, afin de montrer sur la même épure que les deux modes de solution peuvent s'appliquer à la plupart des problèmes de géométrie descriptive.

Première solution. Supposons que les plans $tuvz$ et $pqrs$ (figure 57) alternent. Menons un plan quelconque klm, qui coupe les deux plans donnés, et déterminons les projections des intersections du plan auxiliaire avec chacun des plans donnés. Les points i et i' sont les projections d'un point de l'espace, appartenant aux trois plans à la fois; donc, en menant par i et i' des parallèles gh et $g'h'$ à LT, on aura les projections cherchées.

Seconde solution. Au lieu de couper les plans donnés par un plan quelconque, coupons-les par un plan de profil[1] yox. On effectue le rabattement de ce plan autour de sa trace horizontale ox, et on obtient pr' et tv' pour les rabattements des intersections; le point $I_{\prime}$ est le rabattement d'un point I de l'espace, appartenant aux trois plans, et dont i et i' sont les projections; il suffit alors de mener par i et i' des parallèles à LT, pour avoir les projections de l'intersection.

L'épure sera vérifiée, si les points i et i' tombent respectivement à l'intersection des traces du plan yox, et des projections hg et $h'g'$.

Si les plans n'alternaient pas, on pourrait résoudre la question de la même manière (voyez la figure 58).

6.e Ex. Si les plans alternent:

Première solution. Soient $m'\alpha m$ et $n'\alpha n$ (fig. 59) les deux plans donnés.

On prendra le plan $p'qp$ incliné à la ligne de terre pour plan auxiliaire, et l'on déterminera les intersections vh, $v'h'$ et kl, kl' de ce plan, avec chacun des plans donnés; alors la rencontre O de ces deux droites sera un point de la droite d'intersection. Par conséquent la droite αOB, dont les projections sont αo et $\alpha o'$, sera la droite demandée.

Seconde solution. On prendra le plan $p'qp$ perpendiculaire à la ligne de terre; on rabattra les deux intersections du plan auxiliaire avec chacun des plans donnés, et on obtiendra le rabattement $O_{\prime}$ du point O, appartenant aux trois plans à la fois. On détermine ensuite les projections o, o', qui, comme on voit, se trouvent sur la direction des projections de l'intersection des deux plans donnés, intersection déjà déterminée par la première solution, ce qui fournit le moyen de vérification.

Si les plans n'alternent pas, on les coupe par un plan, et on effectue les constructions indiquées sur la figure 60.

7.e Ex. Les traces des plans $a'oa$ et $b'qb$ (fig. 61) sont en lignes droites et se rencontrent hors de la ligne de terre. Le point p' est à la fois l'intersection

---

1. Nous nommons plan de *profil* un plan perpendiculaire à la ligne de terre.

des deux traces verticales et du prolongement des traces horizontales; donc la projection horizontale de l'intersection sera perpendiculaire à la ligne de terre. Cette intersection percera le plan horizontal dans le second dièdre, en formant avec lui un angle de 45°. Pour avoir la véritable grandeur de la partie de l'intersection comprise entre les deux plans de projection, il suffit de construire un triangle rectangle, dont les deux côtés soient égaux à $p' k$. Cette grandeur sera donc $p' P$.

Remarque. Si les traces des deux plans $a' q a, b' q b$ (fig. 62) se rencontrent en un même point q de la ligne de terre, on mènera un plan auxiliaire $g' p g$, dont on déterminera les projections $m' n'$, $m n$, et $e f$, $e' f'$ de l'intersection, avec chacun des plans $a' q a, b' q b$; la rencontre o', o de ces lignes sera un point de l'intersection. Comme d'ailleurs q en est un autre, il faudra, comme au cas précédent, que ces points o, o' se trouvent sur une perpendiculaire menée à la ligne de terre par l'origine q des plans.

Réciproques. Connaissant les projections de l'intersection de deux plans, l'un de ces plans et la trace du second, trouver l'autre trace, dans les conditions suivantes:

1.° Lorsque les deux plans sont parallèles à la ligne de terre.

2.° Lorsque les deux plans doivent se rencontrer sur la ligne de terre.

1.re *Réciproque.* Déterminer la trace verticale d'un plan parallèle à la ligne de terre, connaissant un autre plan $p q, p' q'$ (fig. 63) parallèle à la ligne $L T$, les projections $a b, a' b'$ de l'intersection des deux plans, et la trace horizontale $x y$ du plan demandé.

On coupera le plan donné $p q, p' q'$ par un plan de profil $g' r g$; on déterminera le rabattement $e' e''$ sur le plan vertical de l'intersection $r e'$, $r e$, du plan auxiliaire avec le plan donné; on rabattra de même en f'' le point f de la trace horizontale $x y$ du plan demandé, et menant ensuite une ligne par f'' et O_I (intersection de $a' b'$ avec $e' e''$), on aura en f' un point d'intersection du plan auxiliaire avec la trace verticale du plan demandé. Cette trace s'obtiendra en menant par f' la ligne $x' f' y'$ parallèle à $L T$.

2.e *Réciproque.* Étant donné un plan $n' \alpha n$ (fig. 64), la trace αm du second plan et les projections $\alpha b, \alpha b'$ de l'intersection de ce plan avec un second, qui passent par le point α de la ligne de terre, déterminer les traces de ce second plan.

L'analogie qui existe entre cette question et le problème direct, conduit à couper le plan donné par un plan quelconque $p' q p$, et à déterminer les projections $h v, h' v'$ de l'intersection de ces deux plans. Si alors par les projections o, o' de l'intersection des droites $\alpha b, \alpha b'$, avec $h v, h' v'$, on mène une droite

$c\,d,\ c'\,d'$, ses intersections avec les traces du plan auxiliaire seront des points du plan demandé; on aura donc ce plan $m'\,\alpha\,m$, en menant la ligne $\alpha\,d'\,m'$, qui sera la trace verticale cherchée.

Problème 13.

30. *Trouver l'intersection d'une droite et d'un plan.*

Soient $p\,q\,p$ (fig. 65) le plan donné, et $a\,b,\ a'\,b'$ les projections de la droite. Considérons le plan $r\,s\,r'$ projetant horizontalement la droite donnée, sa trace horizontale se confond avec la projection horizontale de la droite, et sa trace verticale est perpendiculaire à la ligne de terre. Or, la droite et le plan donnés doivent se rencontrer en un point qui appartient à la fois au plan donné et au plan projetant, ce point est situé sur leur commune intersection; donc, en cherchant la projection verticale $o'\,s'$ de cette intersection (problème 12, rem. 1), elle doit contenir la projection verticale du point demandé; mais la projection verticale de ce point devant aussi se trouver sur la projection verticale $a'\,b'$ de la droite donnée, cette projection n'est autre que le point d'intersection n' des deux lignes $a'\,b'$ et $o'\,s'$. En abaissant du point n' une perpendiculaire sur la ligne de terre, et en la prolongeant jusqu'à sa rencontre avec la projection horizontale ab, de la droite donnée, on obtient la projection horizontale n, du point demandé.

En considérant le plan projetant la droite verticalement, la projection horizontale de l'intersection de ce plan avec le plan donné devra passer par la projection horizontale du point déjà trouvé. C'est par ce moyen qu'on vérifie l'exactitude de l'épure.

Au lieu de prendre pour plan auxiliaire un plan projetant la droite donnée, on peut prendre un plan quelconque contenant la droite, et en faisant les constructions indiquées sur la figure 67, on obtiendra le point d'intersection I; dont les projections sont i et i'.

Ainsi l'on voit qu'en général la solution de cette question consiste : 1.° A concevoir par la droite donnée un plan quelconque; 2.° à chercher la droite suivant laquelle il coupe le plan donné; 3.° à déterminer le point de rencontre de deux droites.

Exercices.

31. *Trouver le point de rencontre d'une droite et d'un plan,* lorsque:

    1.° La droite est parallèle au plan horizontal de projection, et le plan est incliné;

2.º La droite est oblique, et le plan est perpendiculaire au plan horizontal de projection ;

3.º La droite est oblique, et le plan passe par *L T* et un point donné;

4.º La droite est parallèle à *L T*, et le plan est incliné ou parallèle à *L T ;*

5.º La droite coupe *L T*, et le plan est incliné ou parallèle à *L T;*

6.º La droite est située dans un plan de profil, et le plan est incliné ou parallèle à *L T;*

7.º La droite est oblique ou située dans un plan de profil, et les traces du plan sont en ligne droite;

8.º La droite est perpendiculaire au plan horizontal de projection, et le plan est incliné.

Solution.

1.ᵉʳ et 2.ᵉ Ex. Le raisonnement étant le même qu'au problème 13, les constructions sont faciles à suivre sur les épures (fig. 67 et 68).

3.ᵉ Ex. Soient maintenant $ab, a'b'$ (fig. 69) les projections de la droite, et o, o' celles du point. Menons par ce point et la droite le plan pqp'; l'intersection de ce dernier plan avec celui qui passe par $L\,T\,o\,o'$, sera représentée par les projections $q\,r, q\,r'$; enfin, l'intersection I de cette dernière avec la droite $A\,B$, sera le point demandé, dont les projections sont i, i'.

4.ᵉ Ex. Si pqp' (fig. 70) représente le plan donné, et $ab, a'b'$, les projections de la droite donnée. On mènera par cette droite un plan $de, d'e'$ parallèle à la ligne de terre; on déterminera alors les projections $gf, g'f'$ de l'intersection du plan auxiliaire avec le plan donné, et le point de rencontre I de la droite GF, avec la droite donnée AB sera le point demandé, dont les projections sont i, i'.

Remarque. Si le plan donné était parallèle à la ligne de terre, la construction se ferait encore comme pour un plan quelconque; on pourrait même prendre un plan de profil pour plan auxiliaire.

5.ᵉ Ex. Ce cas ne présente aucune difficulté, il suffit de suivre le tracé sur l'épure (fig. 71).

6.ᵉ Ex. Soit pqp' (fig. 72) le plan, et $ab, a'b'$ les projections de la droite données, mais située dans un plan de profil. On rabattra la droite donnée sur le plan horizontal en $V_{,}h$, ainsi que l'intersection du plan donné pqp' avec le plan de profil $g\delta g'$ en $A_{,}B_{,}$; l'intersection $I_{,}$ de ces deux droites sera le rabattement horizontal du point cherché, et l'on obtiendra facilement les projections i, i du même point.

Remarque. Au lieu du plan de profil, on aurait pu employer le plan incliné, mené par les traces de la droite et un point de la ligne de terre. Enfin, si le plan donné était parallèle à LT, on suivrait encore la marche précédente.

7.ᵉ Ex. Soit pqp' (fig. 73) le plan donné, et $mn, m'n'$ les projections de la droite donnée. Par les traces m et n de la droite, menons un plan auxiliaire $g\,\gamma\,g'$; alors l'intersection $de, d'e'$ de ce plan auxiliaire avec le plan donné, coupera la droite donnée et déterminera un point I, dont les projections sont i, i'.

On opérerait de même si la droite donnée était dans un plan de profil, et si le plan donné était parallèle à la ligne de terre.

8.ᵉ Ex. Soit pqp' (fig. 74), le plan donné, et $a, a'b$ les projections de la droite perpendiculaire au plan horizontal. Le point où la droite perce le plan horizontal, est déjà une des projections du point de rencontre de la droite avec le plan donné. Pour avoir la seconde projection du point, on remarque que tout plan passant par la droite donnée, est aussi perpendiculaire au premier plan de projection; donc, en cherchant la projection verticale de l'intersection du plan auxiliaire $d\delta d'$ avec le plan donné, le point de rencontre i' de cette ligne avec la projection verticale de la droite donnée, sera la seconde projection du point demandé.

Réciproque. Étant donnée une droite parallèle à LT, la projection horizontale d'un point situé dans le plan qui passe par la ligne de terre et la droite donnée, on demande la projection verticale du point.

Soient $ab, a'b'$ (fig. 75), les projections de la droite parallèle à LT, et p la projection horizontale du point; la perpendiculaire abaissée de p sur LT représentera la verticale et contiendra la projection verticale du point cherché. Pour trouver ce point, concevons un plan de profil $g\gamma g'$, passant par P; ce plan coupera le plan mené par LT et la droite AB, suivant une droite dont le rabattement dans le plan vertical de projection, sera $\gamma M_{\prime}$, qui contiendra le rabattement du point P en $P_{\prime}$; on déterminera la projection verticale p', en menant par $P_{\prime}$ une parallèle à LT, jusqu'à la rencontre de la projection verticale $\gamma g'$ de la verticale passant par le point P.

Vérification. En concevant un plan vertical passant par le point P, la projection verticale $\alpha c'$ de l'intersection de ce plan avec le plan passant par LT et la droite donnée, devra passer par le point p'.

On peut se proposer encore comme exercice de résoudre la question suivante: Connaissant : 1.º le plan, $n\alpha n'$ (fig. 76) par exemple; 2.º la projection o d'un point situé dans ce plan, ainsi que la trace horizontale αm du second plan coupant le premier au point α sur la ligne de terre, trouver la projection verticale du point O, les projections de l'intersection des plans, et la trace verticale du second plan.

Puisque o est la projection horizontale d'un point situé sur l'intersection des deux plans, il s'ensuit que la projection verticale du même point doit se trouver sur la perpendiculaire abaissée de o sur LT. Pour la déterminer, on mènera le plan projetant $k\,g\,k'$, dont les projections de l'intersection avec le plan donné $n\,\alpha\,n'$, seront $h\,g$, $h'\,g'$; alors la rencontre de $h'\,g'$ avec la verticale, donnera la projection verticale demandée o'.

Si maintenant on mène les lignes $\alpha\,o$, $\alpha\,o'$, elles représenteront les projections de l'intersection de deux plans. Enfin, la trace verticale demandée du deuxième plan, s'obtiendra en menant le plan auxiliaire $p'\,q\,p$, par les traces h et g'; de cette manière, les intersections de ce nouveau plan avec $n'\,\alpha\,n$ et $\alpha\,m$, donneront les lignes $a'\,o'\,b'$ et $a\,o\,b$ telles, qu'en menant $\alpha\,b'$, on aura la trace demandée.

Remarque. En prenant un plan de profil, au lieu du plan $p\,q\,p'$, on aurait pu résoudre la même question par la théorie des rabattements. Au reste, dans toutes ces questions réciproques, on suit une méthode inverse de celle qui a été employée pour la solution de la question directe.

Problème 14.

82. *Déterminer le point d'intersection de trois plans donnés.*

Le point cherché est situé sur les intersections des plans donnés, pris deux à deux. Donc il suffit de construire ces droites par le problème 12, et l'on déterminera les projections o, o' (fig. 77) du point demandé.

Exercices.

83. *Trouver les projections du point d'intersection de trois plans donnés*, dans le cas où:

1.° Les traces sont en ligne droite;

2.° L'un des plans est perpendiculaire à LT, et les deux autres parallèles à cette ligne;

3.° L'un des plans est oblique, l'autre est parallèle à LT, et le troisième passe par LT et par un point.

36

Solution.

1.er Ex. Les traces des plans donnés $a'\,\alpha\,a$, $b\,\beta\,b'$ et $d\,\delta\,d'$ (fig. 78) étant en ligne droite, les projections de leurs intersections sont des perpendiculaires à la ligne de terre (probl. 12, exerc. 7); elles sont donc parallèles, et ne peuvent se rencontrer. Il en résulte que, pour ce cas, les trois plans n'ont pas un point commun.

2.e Ex. Soient $a\,b$, $a'\,b'$ et $c\,d$, $c'\,d'$ (fig. 79), les traces des plans parallèles à la ligne de terre; $e\,\delta\,e'$ celles du plan perpendiculaire à $L\,T$. On déterminera, comme dans le cas général, les projections $n\,\delta$, $\delta\,n'$ et $\delta\,m$, $\delta\,m'$ de l'intersection du plan $e'\,\delta\,e$ avec chacun des deux autres; puis on construira le rabattement de ces droites sur le plan horizontal; leur intersection $O_{,}$ étant le rabattement de l'intersection des trois plans, on déduira les projections o, o' de l'intersection demandée.

3.e Ex. Soient $a\,b$, $a'\,b'$ (fig. 80) le plan parallèle à la ligne de terre, $c'\,\gamma\,c$ le plan oblique, et $o\,o'\,L\,T$ le plan passant par $L\,T$ et o,o'. On détermine premièrement les projections $m\,n$, $m'\,n'$ de l'intersection du plan $c\,\gamma\,c'$ avec le plan $a\,b$, $a'\,b'$; ensuite (probl. 12, exerc. 5) celles $d\,\delta$, $d'\,\delta'$ de l'intersection du plan $a\,b$, $a'\,b'$ avec celui qui passe par $L\,T$ et le point $o\,o'$. La rencontre p, p' de ces deux points représentera les projections de l'intersection des trois plans. ·

L'épure sera vérifiée, 1.º lorsque d'un côté les points p,p' seront sur une même perpendiculaire à la ligne de terre; 2.º lorsque les projections $\gamma\,h$, $\gamma\,h'$ de l'intersection du plan $c'\,\gamma\,c$ avec celui de $o\,o'\,L\,T$, passeront la première par p, et la deuxième par p'; or ces dernières lignes s'obtiennent en déterminant, comme plus haut (probl. 12, exerc. 5), le rabattement $H_{,}$ sur le plan vertical de projection, qui est la rencontre des deux droites $e\,O_{,}$ et $f'\,f_{,}$ résultant de l'intersection du plan de profil conduit par o,o' avec le plan $o\,o'\,L\,T$ et le plan $c'\,\gamma\,c$.

Remarque. S'il s'agit de déterminer les projections de l'intersection de trois plans, savoir : le premier $a\,b$, $a'\,b'$ (fig. 81) parallèle à la ligne de terre; le second $c\,\gamma\,c'$ oblique, et le troisième $d\,\delta\,d'$ perpendiculaire à $L\,T$: on construira d'abord sur le plan horizontal le rabattement $g_{,}\,P_{,}$ de l'intersection du plan $d\,\delta\,d'$, avec celui qui est parallèle à $L\,T$; puis le rabattement $e_{,}\,P_{,}$ de l'intersection du plan $d\,\delta\,d'$ avec le plan $c\,\gamma\,c'$, et le point de rencontre $P_{,}$ de ces deux droites, sera le rabattement du point cherché. On obtiendra par la méthode connue les projections $p_{,}\,p'$ du point P de l'espace.

Vérification. Le rabattement de la droite $m\,n$, $m'\,n'$ doit passer par le point $P_{,}$.

Réciproques du 1.ᵉʳ et du 3.ᵉ exercice.

Etant donnés : 1.° la projection horizontale de l'intersection de trois plans, 2.° un des plans, 3.° les traces horizontales des deux autres, déterminer la projection verticale du même point, ainsi que les traces des deux autres plans.

Supposons que les trois plans qui se coupent soient situés d'une manière quelconque; que $d \delta d'$ (fig. 77) représente le plan donné, que $b \beta, a \alpha$ soient les traces horizontales des deux autres plans, et o la projection horizontale donnée du point d'intersection des plans. On demande la projection verticale du point, ainsi que les deux autres traces verticales.

La perpendiculaire abaissée de o sur $L\,T$, contiendra la projection verticale demandée; de plus, la ligne $m\,o\,f$ représentera la projection horizontale de l'intersection du plan donné $d \delta d'$, avec le plan dont $b \beta$ est la trace horizontale. Il s'ensuit qu'en élevant en m et f des perpendiculaires sur $L\,T$, et qu'en joignant leurs extrémités f' et m', la ligne $f'm'$ sera la projection verticale de la même droite. Par conséquent, sa rencontre o' avec la perpendiculaire o, o', élevée sur $L\,T$, déterminera la projection verticale de l'intersection des trois plans. En outre, f' étant l'intersection des traces verticales des plans $d \delta d'$ et $b \beta$, on aura en menant la ligne $\beta m'$, la trace verticale du second plan $b \beta b'$. Si l'on applique le même raisonnement à l'intersection γ, des traces horizontales données $a \alpha$ et $b \beta$, on obtiendra h' intersection des traces verticales des plans $b \beta b'$ et $a \alpha$, et par suite le troisième plan $a \alpha a'$.

Il y a plusieurs vérifications qu'il est facile de reconnaître sur l'épure.

Pour traiter la réciproque du 3.ᵉ exemple, on peut supposer que l'on connaît le plan mené par $L\,T$ et le point o, o'; les traces horizontales ab et γe (fig. 80) du plan oblique et de celui qui est parallèle à $L\,T$, ainsi que la projection horizontale p, du point P où les trois plans se coupent. On demande la projection verticale de ce point, ainsi que les traces verticales des deux autres plans.

Or, d'après l'analogie qui existe entre les constructions du problème en question et du problème direct, on reconnaît, par un raisonnement semblable à celui employé plus haut, que, si par le point p on mène $d \delta$ parallèle à $L\,T$, on aura la projection horizontale de l'intersection du plan $o o' L\,T$ avec le plan parallèle à $L\,T$. Si on rabat le point o, o' en $O_{\prime}$, le point f en $f_{\prime}$, et qu'ensuite on mène $c\,O_{\prime}$, et qu'on élève ensuite la perpendiculaire $h, H_{\prime}$ sur $L\,T$, on aura, au point d'intersection $H_{\prime}$ avec $e\,O_{\prime}$, le rabattement d'un point de la même droite; si l'on mène par $T_{\prime}$ une parallèle $L\,T$, on aura $d'\,T_{\prime} \delta'$ pour la projection verticale en question. L'intersection p' de $d' T, \delta'$ avec la perpendiculaire abaissée de p sur $L T$, sera la projection verticale du point d'intersection des trois plans. Enfin, menons par n une perpendiculaire $n n'$ sur $L T$, puis conduisons les lignes $n p m$ et $n' p' m'$, nous aurons en m' un point de la trace verticale du plan $a b, a' b'$ parallèle à $L T$, et en même temps un point de la trace verticale du plan, dont γe est la trace horizontale donnée. Il suffit donc de mener $a' b'$ parallèle à $L T$, et $\gamma e'$ pcur achever les deux plans $a b, a' b'$ et $e \gamma e'$.

Problème 15.

34. *Faire passer un plan par trois points donnés.*

Soient les trois points donnés par leurs projections a, a', b, b' et c, c' (fig. 82). Puisque les trois points sont situés dans un même plan, il est évident que les trois droites qui unissent ces points deux à deux, sont aussi situées dans le même plan. Si ensuite on détermine les points où ces droites rencontrent les plans de projection, on obtient autant de points appartenant chacun à l'une des traces du plan en question. Donc, en menant les lignes $m' n' r'$ et $g e f$, le plan sera déterminé par ses deux traces $q p$ et $q p'$.

Vérification. 1.º Les traces de la troisième droite doivent se trouver sur les traces du plan $p q p'$; 2.º les deux traces du plan doivent se rencontrer en un même point de la ligne de terre.

Remarque. Dans des cas particuliers, il peut se faire que la droite qui unit deux des points donnés, soit parallèle à l'un des plans de projection, au plan vertical par exemple. Alors le point où elle perce ce plan, doit être considéré comme situé à l'infini, et il ne peut plus servir pour la construction. Mais aussi, faut-il alors remarquer que la trace verticale du plan cherché, doit être parallèle à la droite dont il s'agit, ou, ce qui est la même chose, à sa projection verticale.

Exercices.

35. *Déterminer les traces d'un plan,* devant passer :

    1.º Par trois points dont les projections horizontales sont en ligne droite;

    2.º Par quatre sommets d'un parallélogramme;

    3.º Par trois points, dont deux ont leurs projections horizontales sur une parallèle à $L T$.

Solution.

1.ᵉʳ Ex. Toutes les fois qu'un plan est perpendiculaire à l'un des plans de projection, les droites et les points situés dans ce plan, se projettent sur la trace située dans le plan de projection, auquel ce plan est perpendiculaire. Donc, puisque les trois projections horizontales a, b et c (fig. 83) sont en ligne droite, il s'ensuit que le plan mené suivant les trois points A, B et C de l'espace, est perpendiculaire au plan de projection horizontal. On obtient donc la trace horizontale, en joignant les trois projections a, b, c; puis, en élevant au point de rencontre q de la trace horizontale avec la ligne de terre, une perpendiculaire à cette dernière, on aura la trace verticale $q p'$.

2.ᵉ Ex. Les quatre points donnés étant situés dans un même plan, on peut résoudre la question en faisant passer un plan par trois de ces points.

Vérification. En menant une droite par le quatrième point et l'un des précédents, les traces de cette droite devront se trouver sur les traces du plan (fig. 84).

3.ᵉ Ex. La droite qui joint les deux points A et B (fig. 85) est parallèle au plan vertical de projection. Elle n'aura donc qu'une trace horizontale a, qui est en même temps un point de la trace horizontale du plan. Il suffit d'en déterminer un second point, pour obtenir cette trace horizontale. A cet effet, on n'a qu'à chercher les traces de la droite $B\,C$, et l'on aura en n le second point. Menant donc $o\,a\,n$ et $o\,m'$, on aura les traces demandées.

Problème 16.

36. *Par trois points donnés de l'espace A, B et C, faire passer une circonférence, et déterminer la grandeur du rayon.*

Par les trois points A, B et C, donnés par leurs projections a, a', b, b' et c, c' (pl. 20), menons le plan $X\,Y\,X'$. Ensuite rabattons sur le plan horizontal de projection (probl. 7) les points donnés, ainsi que le plan. Faisons passer une circonférence par les points $A_{\prime}$, $B_{\prime}$ et $C_{\prime}$. Nous obtiendrons ainsi le rabattement $D_{\prime}$ du centre du cercle, dont le rayon est $A_{\prime} D_{\prime}$. Nous déterminerons (probl. 8) les projections d, d' du centre, ainsi que les projections du rayon $d\,a$, $d'\,a'$.

Nous pouvons actuellement chercher la projection horizontale et verticale du cercle. A cet effet, menons dans le cercle deux diamètres perpendiculaires, dont l'un soit parallèle à la charnière $Y\,X$. Les diamètres $H_{\prime}\,G_{\prime}$ et $E_{\prime}\,F_{\prime}$ nous serviront pour trouver les projections horizontales des axes $e\,f$ et $g\,h$. Sur ces deux lignes, nous construirons l'ellipse (voir la 2.ᶜ Partie, p. 48), qui sera la projection horizontale du cercle. Pour trouver la projection verticale, il faut prendre deux autres diamètres, dont l'un soit parallèle à $Y\,X$; le diamètre $I_{\prime}\,K_{\prime}$, étant parallèle à $Y\,X_{\prime\prime}$, sera aussi parallèle à $Y\,X'$, lorsque le plan occupe sa véritable position. Donc IK est parallèle au plan vertical de projection. Par conséquent la projection horizontale de ce diamètre sur $\beta\gamma$, exprimera sa véritable grandeur. On déterminera aussi sur $\beta'\gamma'$ sa projection verticale, qui sera donnée par $i'k'$. Le diamètre $S_{/}Q_{/}$ se projettera suivant $s'q'$. Les projections verticales de ces deux axes étant ainsi trouvées, on n'aura qu'à décrire sur les axes $i'k'$ et $s'q'$, l'ellipse qui sera la projection verticale du cercle.

Remarque. Les deux diamètres $E_{/}F_{/}$ et $G_{/}H_{/}$ du cercle, qui donnent en projection horizontale les axes ef et gh de l'ellipse, donneraient en projection verticale un système de diamètres conjugués.

Vérification. On peut, comme vérification, se proposer de déterminer pour chacune des projections, les tangentes verticales et les tangentes horizontales.

Détermination des tangentes verticales : pour les déterminer, concevons un plan de profil $z\,v\,u'$, et cherchons le rabattement de la droite, dont les traces sont z et u'. Ce rabattement est $z\,U_{/}$. Menons aux cercles des tangentes parallèles à $z\,U_{/}$, jusqu'à la rencontre de la charnière $X\,Y$; les perpendiculaires menées à la ligne de terre par les points $s_{/}$ et $o_{//}$, seront les tangentes communes aux deux projections du cercle.

Pour déterminer les tangentes horizontales à la projection horizontale, menons deux tangentes parallèles à $YX_{/}$, qui rencontrent la charnière en α et $\alpha_{/}$. Les parallèles menées à la ligne de terre par ces points, seront les tangentes demandées. Les projections verticales $\alpha'\,\alpha'''$ et $\alpha_{//}\beta_{//}$ correspondantes, seront des lignes tangentes à la projection verticale du cercle, et parallèles à la trace verticale du plan.

Les tangentes horizontales à la projection verticale du cercle s'obtiendront, en menant deux lignes $H_{/}h_{/}$ et $G_{/}g_{/}$ tangentes au cercle rabattu, et parallèles à la trace horizontale du plan. On ramènera ces lignes dans leur véritable position, et les projections verticales $h_{//}h_{///}$ et $g_{//}g_{///}$ de ces droites, seront les tangentes horizontales demandées.

Quant aux projections horizontales de ces mêmes droites, elles seront des lignes tangentes à la projection horizontale, et parallèle à la trace horizontale du plan.

———

Nous proposons comme exercice de résoudre les questions suivantes :

1.º *Sur une droite donnée dans un plan, construire un triangle isocèle, connaissant sa base et sa hauteur.*

2.º *Sur une droite donnée de longueur et située dans un plan, construire un triangle équivalent à un triangle donné.*

3.° *Dans une circonférence donnée et située dans un plan, inscrire un hexagone régulier, dont un des sommets coïncide avec un point donné.*

PROBLÈME 17.

37. *Par un point donné, mener un plan parallèle à un plan donné.*

Soient m, m' (fig. 86) les projections du point donné, et $p\,q, p'\,q$ les traces du plan donné. On sait que les intersections de deux plans parallèles, par un troisième plan, sont parallèles entre elles; donc les traces du plan cherché sont parallèles à celles du plan donné. Pour résoudre la question, il suffit de trouver un point appartenant à une des traces du plan demandé.

A cet effet, par le point de l'espace M, dont les projections sont m, m', concevons une horizontale dont la projection horizontale passe par m, parallèlement à la trace horizontale du plan donné $p\,q\,p'$. Le plan demandé et le plan projetant horizontalement la droite, passent par une parallèle au plan horizontal, et coupent celui-ci suivant deux parallèles. Or, la trace horizontale du plan demandé étant parallèle à la trace horizontale du plan donné, la projection horizontale de l'horizontale, est aussi parallèle à la trace horizontale du plan donné; la projection verticale de l'horizontale est une parallèle à la ligne de terre, menée par le point m' (n.° 20). Cherchons le point de rencontre de l'horizontale avec le plan vertical; on aura en v', un point de la trace verticale du plan demandé. Il suffit maintenant de mener par v', une parallèle $Q\,P'$ à la trace verticale du plan donné, et par le point de rencontre Q avec la ligne de terre, une parallèle $Q\,P$ à la trace horizontale du même plan; nous aurons alors le plan cherché $P\,Q\,P'$.

Vérification. Concevons par le point m, m' et dans le plan $P\,Q\,P'$, une parallèle au plan vertical; la trace horizontale h de cette droite, doit se trouver sur la trace horizontale du plan $P\,Q\,P'$.

Ce problème peut se résoudre d'une manière plus générale, en menant dans le plan donné $p\,q\,p'$ (fig. 86) une droite quelconque $a\,b, a'\,b'$, et par le point donné m, m' une parallèle à la droite $A\,B$. Cette parallèle devra être tout entière dans le plan cherché. Par suite, les intersections de cette parallèle avec les plans de projection, feront connaître un point de chacune des traces du plan cherché. Enfin, on obtiendra le plan $P\,Q\,P'$, en menant par g une parallèle à $p\,q$, et par f' une parallèle à $q\,p'$; ces deux traces doivent se rencontrer au même point Q de la ligne de terre.

42

Exercices.

38. *Par un point donné mener un plan parallèle :*

    1.º A un plan parallèle à la ligne de terre;

    2.º A un plan perpendiculaire à l'un des plans de projection;

    3.º A un plan mené par la ligne de terre et un point.

Solution.

1.er Ex. Soient m, m' (fig. 87) les projections du point donné, $p\,q, p'\,q'$ les traces du plan donné, et $a\,b, a'\,b'$ les projections d'une droite située dans ce plan. Si par le point donné m, m', on mène une droite $h\,v, h'\,v'$ parallèle à la droite $A\,B$, les traces v' et h appartiendront au plan demandé. On obtiendra ce plan en menant par ces points, parallèlement aux traces du plan donné, les droites $P\,Q, P'\,Q'$.

2.^{c} Ex. Cette question ne présente aucune difficulté. Voyez les constructions indiquées sur la figure 88.

3.e Ex. Soient m, m' le point donné, et $L\,T\,a\,a'$ le plan (fig. 89). Pour plus de simplicité, supposons les points m, m' et a, a', situés dans un même plan de profil $g\,\alpha\,g'$. Cherchons l'intersection du plan de profil avec le plan $L\,T\,a\,a'$. Cette intersection sera donnée par le rabattement $\alpha\,A_{\prime}$. Rabattons ensuite le point m, m' en $M_{\prime}$ et menons, par ce dernier, une parallèle à l'intersection $\alpha\,A_{\prime}$; elle représentera une droite située dans le plan demandé : donc, il suffit de déterminer les traces h et v' de la droite passant par $M_{\prime}$, en menant par ses points les parallèles $p\,q$ et $p'\,q'$ à la ligne de terre, pour obtenir les traces du plan demandé.

PROBLÈME 18.

39. *Mener un plan parallèle au plan donné $p\,q\,p'$, et distant de la quantité N* (fig. 90).

Pour trouver le plan demandé, il suffit de déterminer un de ses points. A cet effet, prenons un point a, a' à volonté, sur le plan $p\,q\,p'$; par ce point, menons une perpendiculaire au plan, et ramenons-la ensuite dans la position parallèle au plan vertical. Il est évident que la projection verticale $a'\,m_{\prime\prime}$ de la perpendiculaire, représentera la véritable grandeur de la portion de droite $A\,M$; portons donc, à partir de a', la longueur donnée N, jusqu'en $o_{\prime\prime}$; ramenons ensuite le point O sur la perpendiculaire primitive, et nous obtiendrons ainsi les projections o, o'. Enfin, par ce dernier point, menons un plan $P\,Q\,P'$ parallèle à $p\,q\,p'$ (probl. 17), et la question sera résolue.

Problème 19.

40. *Étant donnés un plan et deux droites, trouver sur chacune de ces dernières un point tel, que la droite qui joint ces points soit parallèle au plan donné et à une distance donnée* (fig. 98).

A la distance donnée, menons un plan parallèle au plan donné (probl. 18); ensuite, cherchons les intersections de ce dernier avec les droites données. La droite qui unira les points ainsi obtenus, satisfera aux conditions du problème, puisqu'elle se trouve sur le plan mené à la distance voulue et qu'elle est parallèle au plan donné.

Soient $a\,\alpha\,a'$ le plan donné, $b\,c,\ b'\,c'$ et $d\,e,\ d'\,e'$ les projections des droites. Prenons, sur le plan donné, un point F, dont f, f' sont les projections. De ce point, abaissons une perpendiculaire sur le plan; rabattons cette perpendiculaire autour de la charnière $\alpha\,a$; le point F tombera en $F_{\prime}$. A partir de ce point, portons la distance donnée N jusqu'en $G_{\prime}$; puis relevons le point $G_{\prime}$, qui sera représenté par les projections $g_{\prime}\,g'$, et par ce dernier, menons un plan $m\,n\,m'$, parallèle au plan $a\,\alpha\,a'$. Enfin, déterminons les intersections des droites $B\,C$ et $D\,E$ avec le plan $m\,n\,m'$, et par les points Q et O, menons une droite qui satisfera à la question; les projections de cette dernière sont $o\,q,\ o'\,q'$.

Problème 20.

41. *Par un point et une droite donnés, faire passer un plan.*

Soient $b\,c,\ b'\,c'$ les projections de la droite donnée (fig. 91), et a, a' les projections du point. Par le point A, menons une parallèle à la droite $B\,C$; cette parallèle $V\,H$ sera située dans un même plan avec $B\,C$. Il suit de là, qu'en menant par les traces de ces deux droites les lignes $q\,p'$ et $q\,p$, on aura les traces du plan demandé $p\,q\,p'$.

Vérification. Les deux traces $p'\,q$ et $q\,p$ doivent couper la ligne de terre en un même point q.

Remarque. On pourrait résoudre la même question, en faisant passer une droite par le point A, et par un point quelconque M pris sur $B\,C$. Les traces de ces deux droites étant déterminées, en les joignant deux à deux, on aura les traces du plan demandé.

Exercices.

42. *Faire passer un plan* par :

1.º Un point et une droite parallèle à la ligne de terre;

2.º Un point et une droite perpendiculaire au plan horizontal;

3.º Un point et une droite, ce point ayant sa projection horizontale sur celle de la droite;

4.º Un point, et une droite située dans un plan de profil;

5.º Un point, et une droite qui passe par la ligne de terre;

6.º Deux droites parallèles à $L\,T$;

7.º Deux droites, l'une parallèle et l'autre perpendiculaire à $L\,T$;

8.º Deux droites, l'une quelconque, l'autre perpendiculaire à $L\,T$;

9.º Deux droites qui passent par le même point de $L\,T$.

Solution.

1.ᵉʳ Ex. Soient $b\,c$, $b'\,c'$ les projections de la droite parallèle à la ligne de terre (fig. 92), et a, a' celles du point donné. Si par le point A on mène une parallèle à $B\,C$, elle sera située avec celle-ci dans le même plan parallèle à la ligne de terre. Si ensuite on mène par le point A et par le point quelconque M pris sur $B\,C$, une droite $h'\,v'$, $h\,v$, celle-ci sera encore située avec les deux précédentes dans le plan cherché. Il s'ensuit qu'en faisant passer par les traces de la droite $H\,V$, deux lignes $p\,q$, $p'\,q'$, parallèles à $L\,T$, on aura les traces du plan demandé.

2.ᵉ Ex. De ce que la droite donnée est verticale, il s'ensuit que le plan mené suivant cette droite et le point A, est lui-même vertical. De plus, les lignes projetant horizontalement le point et la droite, sont situées dans le plan qu'on demande; par conséquent la trace horizontale de ce plan passera par a et par h (fig. 93); quant à sa trace verticale, elle s'obtiendra en élevant $q\,p'$ perpendiculairement à $L\,T$.

3.ᵉ Ex. Ce cas est facile à résoudre, voir la figure 94.

4.ᵉ Ex. Soient a, a' les projections du point (fig. 95), et $b\,c$, $b'\,c'$ celles de la droite située dans un plan de profil. Si par le point A, on conçoit une parallèle à la première, ces deux droites seront situées chacune dans le plan demandé. Déterminons les traces p, q' et q, q' (n.º 17, ex. 3), nous aurons les points appartenant aux traces du plan demandé $d\,\delta\,d'$.

5.ᵉ Ex. Soient a, a' les projections du point, et $b\,c$, $b'\,c'$ celles de la droite (fig. 96). Les deux projections se rencontrent sur la ligne de terre en b; il s'ensuit que b est également un point par où devront passer les traces du plan cherché. Il suffit donc d'en déterminer un second. A cet effet, on mène une droite par le point A et par le point quelconque M de $B\,C$. Cette droite sera située dans le même plan avec $B\,C$; donc, en déterminant ses traces et en joignant $v'\,b$ et $h\,b$, on aura les traces du plan demandé.

6.ᵉ Ex. Ce cas est facile à résoudre, voir la figure 92.

7.ᵉ Ex. Le plan dont il s'agit étant conduit par une droite parallèle à $L\,T$, sera lui-même parallèle à cette dernière. Menons une droite par deux points pris l'un sur la première droite, l'autre sur la seconde; cette nouvelle droite sera contenue dans le même plan avec les deux précédentes. Donc, en menant par ses traces v' et h, des parallèles à $L\,T$, on aura les traces du plan demandé (fig. 97).

8.ᵉ Ex. Soient $m\,o, m'\,o'$ les projections de la droite perpendiculaire à $L\,T$, donnée par les projections a, a' et b, b' de ldeux de ses points (fig. 99), et $c\,d$, $c'\,d'$ celles de la droite quelconque. Déterminons les traces v', h et g', f de ces deux droites, nous aurons, en unissant v' à g', et h à f, les traces $p\,q$ et $p'\,q$ du plan demandé.

Vérification. Les deux traces $p\,q$ et $p'\,q'$ doivent se rencontrer en un même point q de la ligne de terre.

9.ᵉ Ex. Les deux droites αB et αC (fig. 100) se coupant au même point α de la ligne de terre, il s'ensuit que le plan qui contient ces deux droites, aura aussi ce point de commun; donc ses traces devront passer par α. On déterminera un second point appartenant à ce plan, en cherchant les traces de la droite passant par deux points quelconques, pris sur les deux droites. Enfin, en unissant v' à α, et α à h, on obtiendra les traces du plan demandé $a\,\alpha\,a'$.

PROBLÈME 21.

43. *Par une droite donnée, faire passer un plan parallèle à une droite donnée.*

Soient $a\,b, a'\,b'$ les projections de la première droite (fig. 101) et $c\,d, c'\,d'$ celles de la seconde. Par un point I de la droite $C\,D$, menons une parallèle à la droite $A\,B$; le plan demandé doit contenir cette parallèle et la seconde droite. Il suffit donc de déterminer les traces de deux droites, pour connaître deux points de chacune des traces du plan. Le plan cherché sera représenté par les traces $p\,q$ et $p'\,q$.

Exercices.

44. *Faire passer un plan par une droite donnée et qui soit parallèle à une autre droite donnée,* dans le cas où :

1.º L'une est oblique, et l'autre est située dans un plan de profil;

2.º L'une étant parallèle à *L T* et l'autre oblique;

3.º L'une située dans un plan de profil et l'autre parallèle à la ligne de terre.

Solution.

1.ᵉʳ Ex. Pour résoudre la question, on peut faire passer par un point quelconque, pris sur la droite *c d, c' d'* (fig. 102), une parallèle à *a b, a' b'*. Ensuite on fait passer les traces du plan demandé par les traces de la parallèle à *A B*, et par celles de la droite située dans un plan de profil.

La vérification consiste en ce que les traces *p q* et *p' q* doivent se rencontrer au même point *q* de la ligne de terre.

2.ᵉ Ex. Le plan dont il s'agit devant passer par une droite parallèle à la ligne de terre, sera lui-même parallèle à *L T;* donc ses traces le seront aussi. Si maintenant on fait passer par le point *m, m'* (fig. 103), *h v, h' v'* parallèle à *a b, a' b'*, cette droite sera contenue dans le plan demandé. On obtient les traces de ce plan, en menant par *v'* et par *h*, les lignes *p' q'* et *p q* parallèlement à *L T*.

3.ᵉ Ex. Ce cas se résout de la même manière que les deux précédents (voir la figure 104).

Problème 22.

45. *Par un point donné, mener un plan parallèle à deux droites données.*

Par le point donné *m, m'* (fig. 105), menons des parallèles à *a b, a' b'* et à *c d, c' d'*. Déterminons les points de rencontre de ces deux parallèles avec chacun des plans de projection, nous obtiendrons ainsi deux points de chacune des traces du plan demandé *p q p'*.

Remarque 1. Lorsqu'une droite est oblique et l'autre située dans un plan de profil. On mène par le point donné *m, m'* (fig. 106) des parallèles *g f, g' f'* et *n' m', h m* aux deux droites données. On mène *p q* et *p' q* par les traces de ces nouvelles droites, et on a ainsi le plan cherché *p q p'*.

Les épures des deux premiers cas seront vérifiées, si les traces *p q* et *p' q* se rencontrent au même point *q* de *L T*.

Remarque 2. Dans le cas où une droite est parallèle et l'autre perpendiculaire à la ligne de terre, on suit une marche analogue au cas précédent, ou la méthode générale (fig. 107).

Problème 23.

46. *Déterminer une droite qui passe par un point donné, et qui rencontre deux droites données.*

Concevons un plan par le point donné a, a' et par l'une des droites (fig. 108); ensuite un second plan par le même point et l'autre droite. La droite demandée, devant être dans ces deux plans à la fois, sera à leur intersection commune $m\,n$, $m'\,n'$ (probl. 12).

Vérification. Si l'épure est exécutée avec précision, on aura : 1.° les projections des intersections de la droite obtenue avec les deux droites données sur des perpendiculaires à la ligne de terre; 2.° les projections $m\,n$ et $m'\,n'$ passeront l'une par a, l'autre par a'.

Remarque. La même question peut se résoudre, en faisant passer un plan $p\,q\,p'$ par le point a, a' et l'une des droites (fig. 109). On cherche ensuite l'intersection m, m' du plan $p\,q\,p'$ avec la seconde droite (probl. 13). On mène, enfin, les lignes $m\,a$ et $m'\,a'$, qui seront les projections de la droite demandée.

On peut encore arriver au même résultat, en prenant deux points arbitraires m, m' et n, n' sur la droite $B\,C$ (fig. 110). Menons deux droites passant respectivement par chacun de ces points et par le point donné a, a'. Cherchons ensuite l'intersection de chacune de ces droites avec le plan vertical $d\,\delta\,d'$, conduit suivant la seconde droite $G\,F$; soient p et Q ces intersections. Il est évident que la droite $P\,Q$ qui les unit, contient un point de la droite cherchée; mais comme ce point doit aussi se trouver sur la droite $G\,F$, il sera donc en R. Enfin, unissons les points A et R, et nous obtiendrons la droite demandée, représentée par ces projections $r\,o$, $r'\,o'$.

Vérification. Les projections o, o' de l'intersection $R\,O$ avec $B\,C$ doivent se trouver sur une même perpendiculaire à la ligne de terre.

Remarque. Si l'une des droites est oblique et l'autre parallèle à la ligne de terre, on conçoit deux plans, l'un par le point M et la droite $A\,B$ (fig. 111), et l'autre par le même point et la droite $C\,D$ parallèle à $L\,T$. L'intersection de ces deux plans sera la droite demandée.

Dans le cas où l'une des droites est oblique, et l'autre située dans un plan de profil, on effectuera les constructions indiquées sur la figure 112, et on obtiendra l'intersection $G\,F$, dont les projections sont $g\,f$, $g'\,f'$.

Enfin, si l'une est perpendiculaire à la ligne de terre et l'autre parallèle à cette dernière, on suivra la même marche (voir figure 113).

Les vérifications sont faciles à reconnaître sur les épures.

Problème 24.

47. *D'un point donné, abaisser une perpendiculaire sur un plan, et déterminer ensuite le pied et la vraie grandeur de cette perpendiculaire.*

Soient a, a' les projections du point, et $p\,q\,p'$ le plan donné (fig. 114). Menons $a\,b$ et $a'\,b'$, respectivement perpendiculaires aux traces du plan donné; on obtiendra ainsi les projections de la perpendiculaire au plan (théor. 6). Déterminons par le procédé connu (prob. 13), le pied M de la perpendiculaire sur le plan $p\,q\,p'$, nous obtiendrons ainsi (probl. 11) la véritable grandeur $m'\,M_{\prime}$.

Remarque. Si le plan donné est parallèle à la ligne de terre, il faut par le point a, a' concevoir le plan de profil $d\,\delta\,d'$ (fig. 115). Il contiendra la droite demandée, et de plus, le pied de cette perpendiculaire, se trouvera à l'intersection du plan donné avec le plan de profil. Rabattons donc cette intersection, ainsi que le point A, sur le plan horizontal; du point $A_{\prime}$ abaissons une perpendiculaire sur $m\,m_{\prime}$; elle déterminera le rabattement du pied de la perpendiculaire en $B_{\prime}$. Ramenons le système dans sa véritable position, nous obtiendrons les projections b, b'. Quant à la véritable grandeur, elle sera représentée par $A_{\prime}\,B_{\prime}$.

Si le plan donné passe par $L\,T$ et un point o, o' (fig. 116), la perpendiculaire abaissée du point A, sur le plan $o\,o'\,L\,T$ sera perpendiculaire à $L\,T$, qui est située dans ce plan, dont les projections sont ag, $a'\,g'$. Son pied devant se trouver à la fois dans le plan $p\,q\,p'$, conduit par $A\,G$ et par le point O, et dans le plan $o\,o'\,L\,T$, se trouvera à leur commune intersection $Q\,O$ au point B.

Enfin, si le plan donné $d\,\delta\,d'$ est perpendiculaire à $L\,T$, il s'ensuit que toute droite perpendiculaire à $d\,\delta\,d'$ (fig. 117) est parallèle à $L\,T$. Donc, si par le point A, on mène une parallèle à la ligne de terre, elle sera la droite demandée. Son pied sera en B, et la véritable grandeur sera représentée par $a\,b$ ou $a'\,b'$. En supposant le plan $p\,q\,p'$ perpendiculaire au plan horizontal, le pied de la perpendiculaire au plan sera projeté en n, n'.

Problème 25.

48. *Par un point donné, mener un plan perpendiculaire à une droite donnée.*

Soient a, a' les projections du point donné (fig. 118), et $b\,c$, $b'\,c'$ celles de la droite. Nous savons que les traces du plan perpendiculaire à la droite, doivent être perpendiculaires aux projections de cette droite (théor. 6, n.° 10). Par conséquent, il suffira de trouver un point de l'une d'elles pour les obtenir toutes deux.

A cet effet, menons par le point A une horizontale parallèle à la trace horizontale du plan cherché. Sa projection horizontale sera perpendiculaire à $b\,c$; elle devra passer par a, et sera représentée par $a\,d$; la projection verticale passera par a' et sera parallèle à $L\,T$. Puisque l'horizontale est toute entière dans le plan cherché, la trace verticale de ce plan s'obtiendra, en menant par le point d', trace verticale de l'horizontale, une perpendiculaire à $b'\,c'$. Quant à la trace horizontale du plan, elle sera parallèle à $a\,d$, et passera par γ. Donc le plan demandé est $g\,\gamma\,g'$.

Pour trouver les projections de la perpendiculaire abaissée de A sur $B\,C$, il faut unir l'intersection M de $B\,C$ avec le plan $g\,\gamma\,g'$, avec le point A; $a\,m,\,a'\,m'$ seront les projections demandées.

Remarque 1. On peut résoudre ce problème de la manière suivante. D'un point quelconque pris sur la ligne de terre, abaissez des perpendiculaires sur la droite donnée (fig. 119). On aura ainsi un plan perpendiculaire à la droite donnée; il ne s'agit plus que de mener, par le point donné, un plan parallèle au précédent (probl. 17).

Remarque 2. Pour déterminer les projections d'une droite menée d'un point donné perpendiculairement sur une droite donnée, on agira ainsi : 1.º on déterminera un plan par le point et la droite donnée; 2.º on rabattra le plan avec la droite et le point, sur l'un des plans de projection; 3.º on abaissera, du point rabattu, une perpendiculaire sur la droite rabattue; 4.º on relèvera le système pour le placer dans la position primitive, et l'on obtiendra ainsi les projections de la perpendiculaire demandée.

Exercices.

50. *Par un point donné mener un plan perpendiculaire :*

1.º A une droite qui contient le point :

2.º A une droite située dans un plan de profil, et renfermant le point;

3.º A une droite située dans un plan de profil, et ne renfermant pas le point.

Solution.

1.ᵉʳ Ex. On obtient les traces du plan demandé, en conduisant par le point a, a' (fig. 120), une horizontale perpendiculaire à $b\,c$, qui donne pour trace verticale v'; mais v' étant en même temps un point de la trace verticale dans le plan demandé, $m\,\alpha\,m'$ sera facile à construire.

2.ᵉ Ex. Le plan demandé doit avoir ses traces perpendiculaires aux projections de la droite; mais ces projections étant perpendiculaires à la ligne de terre, les traces du plan cherché seront parallèles à cette dernière.

Rabattons maintenant la droite $B\,C$ (fig. 121), et le point donné A, dans le plan horizontal (n.º 17, ex. 3). Menons ensuite par le rabattement $A_{\prime}$, une perpendiculaire $A_{\prime}m$ à la droite $B_{\prime}C_{\prime}$; enfin, menons par les traces m et n' de cette perpendiculaire, des parallèles pq et $p'q'$ à LT, et nous aurons le plan demandé.

3.ᵉ Ex. Ce cas peut se ramener au cas précédent (voir la figure 122).

PROBLÈME 26.

51. *A un plan donné, mener un plan perpendiculaire par une droite située dans le premier plan, et dont on connait la projection horizontale.*

Soit $g\,\gamma\,g'$ le plan donné, et ab la projection horizontale de la droite (fig. 123). Il est facile de trouver sa projection verticale $a'b'$. Si l'on prend sur la droite ab, $a'b'$ un point quelconque m, m', et, si de ce point on abaisse, au plan donné, une perpendiculaire ms, $m's'$, tout plan conçu par cette dernière sera perpendiculaire au plan donné (Intr. n.º 10, R. 1). Si donc par ses traces h et v', ainsi que par les traces a et b' de la droite donnée, on mène les lignes pq et $p'q$, elles détermineront le plan demandé.

Vérification. Les traces du plan devront se rencontrer au même point q de la ligne de terre.

PROBLÈME 27.

52. *Trouver les angles que fait une droite avec les plans des projections.*

Nous avons vu que l'angle que fait une droite avec un plan, est mesuré par l'angle que fait cette droite avec sa projection (Intr. n.º 12).

Proposons-nous d'abord de trouver l'angle que fait la droite donnée AB, avec sa projection horizontale ab (fig. 124).

À cet effet, cherchons les traces de la droite AB, faisons tourner le plan vertical $b'ba$ autour de sa trace verticale bb', pour la rabattre sur le plan vertical. Dans ce mouvement, la ligne ab ne cesse pas de rester perpendiculaire à bb'; elle ne change pas de grandeur et prend la position de $bA_{\prime}$, tandis que la droite de l'espace AB se rabat en véritable grandeur suivant $A_{\prime}b'$. Par suite, l'angle $bA_{\prime}b'$ est celui que fait la droite donnée avec le plan horizontal.

On pourrait encore trouver cet angle, en rabattant le plan abb' autour de ab dans le plan horizontal, et l'angle $baB_{\prime}$ serait l'angle cherché. Pour trouver l'angle que fait la droite avec le plan vertical, on fait une construction analogue à la précédente, et l'angle demandé est exprimé par $A_{\prime}B_{\prime\prime}a$ ou $a'b'A_{\prime\prime}$.

Remarque 1. Quand les traces de la droite sortent des limites du dessin, on prend deux points à volonté sur la droite, et l'on cherche l'angle que fait la portion de droite qui unit les deux points, avec chacun des plans de projection.

Remarque 2. Lorsque la droite est située dans un plan de profil, on rabat la droite donnée dans l'un des plans de projection; l'angle $o\,b\,A_{\prime}$ que la droite fait avec sa projection horizontale, et l'angle $o\,a'\,B_{\prime}$ qu'elle fait avec sa projection verticale, sont les angles demandés (fig. 125).

53. THÉORÈME. *L'angle aigu que fait une droite avec sa projection sur un plan, est plus petit que l'angle que fait cette droite avec tout autre droite, menée par son pied dans ce plan.*

Soit $A\,B$ la droite de l'espace (fig. 126), projetée en $A\,b$ sur le plan horizontal de projection; nous aurons, dans le triangle rectangle $A\,B\,b$, la relation $B\,A\,b + A\,B\,b = 1$ droit. Projetons le point A en a' sur le plan vertical de projection, $a'\,B$ sera la projection verticale de la droite $A\,B$; mais dans le triangle $A\,a'\,B$, l'angle $a'\,B\,A$ est le minimum; donc on a $A\,B\,a' < A\,B\,b$ et par suite $B\,A\,b + A\,B\,a < 1$ droit.

Cela posé, nous pouvons nous proposer de résoudre le problème suivant.

PROBLÈME 28.

54. *Mener par un point donné une droite faisant, avec le plan horizontal de projection un angle α, et avec le plan vertical, l'angle β avec cette condition $\alpha + \beta < 1$ droit.*

Soit le point a situé sur $L\,T$ (fig. 127). Coupons le système par un plan de profil $z\,a\,y$. En supposant le problème résolu, faisons tourner la droite $A\,B$ de l'espace autour de la charnière $a\,y$, pour la ramener sur le plan vertical de projection. La droite se rabattra suivant une ligne faisant avec $L\,T$ l'angle α. Prenons sur cette ligne une longueur arbitraire $a\,b''$, et projetons b'' horizontalement en $b_{\prime}$. Lorsque nous ramènerons les choses dans la véritable position, le point b'' décrira un arc de cercle, qui se projetera verticalement, suivant une parallèle à $L\,T$ menée par b'', et horizontalement, suivant un arc de cercle décrit du point a comme centre, avec le rayon $a\,b_{\prime}$. Tournons maintenant le plan qui contient la droite autour de $a\,z$, pour la ramener sur le plan horizontal de projection, elle se rabattra en faisant avec $L\,T$ un angle β, le point rabattu en b'' se rabattra en $b_{\prime}$ sur le plan horizontal de projection. Relevons maintenant le système dans la véritable position, b_3 décrira un arc de cercle qui se projetera horizontalement, parallèlement à $L\,T$ passant par $b_{\prime}$, et verticalement, suivant un arc de cercle décrit du point a comme centre, avec un rayon $a\,b_{\prime}$. Nous obtenons sur chacun des plans de projection deux lieux qui, par leur intersection, déterminent deux points b et b', qui sont les projections du point B; $a\,b$, $a\,b'$ sont les projections de la droite demandée $A\,B$.

Pour terminer la solution du problème, il suffit de mener par le point donné m, m' des parallèles à ab et à ab'; ces parallèles seront les projections de la droite CD, faisant un angle α avec le plan horizontal, et l'angle β avec le plan vertical.

Remarque. On peut se proposer l'exercice suivant : $\alpha + \beta = 1$ droit; on obtiendra une droite perpendiculaire à la ligne de terre, et si $\alpha + \beta > 1$ droit, la construction ne réussira plus.

Problème 29.

55. *Un plan étant donné, trouver les angles de ce plan avec chaque plan de projection, ainsi que l'angle des deux traces.*

L'angle de deux plans ou d'un dièdre est mesuré par la section droite du dièdre (Introd. n.° 9). Soit pqp' le plan donné (fig. 128); au point b de la trace horizontale, élevons une perpendiculaire ab sur pq, et au point a une perpendiculaire sur LT, dans le plan vertical. La droite de l'espace qui unira a' à b sera située dans le plan donné, et sera perpendiculaire à pq (Introd. n.° 12, rem. imp.). Il suit de là que l'angle qu'elle fait avec ab, sera l'angle que fait le plan pqp' avec le plan horizontal. D'ailleurs, la droite $a'b$ rabattue dans l'un des plans de projection, est l'hypoténuse d'un triangle rectangle, qui a pour base ab et pour hauteur aa'. Donc l'angle demandé est représenté par $abA_{,}$ ou $aB_{,}a'$.

On trouve d'une manière semblable l'angle $acA_{,,}$ ou $aC_{,}a_{,}$ que fait le plan donné avec le plan de projection vertical.

Enfin, pour trouver l'angle que font entre elles les traces du plan donné, on effectuera le rabattement du plan pqp' sur le plan horizontal (probl. **7**), et $P_{,}qp$ sera l'angle des deux traces.

Remarque 1. Si le plan est perpendiculaire à l'un des plans de projection, par exemple au plan vertical, l'angle qu'il fait avec le plan horizontal, sera mesuré par l'angle que fait sa trace verticale avec la ligne de terre. Dans le cas où le plan donné est perpendiculaire au plan horizontal, l'angle qu'il fait avec le plan vertical, sera mesuré par l'angle de sa trace horizontale avec la ligne de terre.

Remarque 2. Si le plan donné est parallèle à LT, on mènera un plan de profil, et le rabattement de son intersection avec le plan donné, formera, avec la trace du plan de profil, l'angle demandé.

Remarque 3. S'il s'agissait d'un plan passant par LT et un point, on imaginerait le plan de profil; son intersection avec le plan passant par LT, rabattue dans le plan horizontal, fera, avec la trace horizontale du plan de profil, l'angle cherché.

Remarque 4. Dans le cas où le plan serait donné par deux droites qui se coupent, on imaginerait un plan qui contienne les deux droites, et la solution de la question serait ramenée à la méthode générale.

Réciproque. Mener un plan qui fasse un angle donné avec le plan horizontal, sa trace verticale étant connue.

Soit $p\,q'$ la trace verticale donnée (fig. 129). Par un point b', pris sur $p'\,q$, menons $b'\,c$, faisant avec $L\,T$ un angle égal à l'angle donné. Abaissons $b'\,b$ perpendiculairement sur $L\,T$, et du point b comme centre, avec le rayon $b\,c$, décrivons un arc de cercle. Menons, enfin, par le point q une tangente à cet arc; cette tangente déterminera la trace cherchée.

Si l'on connaissait la trace horizontale et l'angle rectiligne du dièdre de ce plan avec le plan horizontal, on trouverait la trace verticale du plan par une construction simple, qui est indiquée sur la même figure.

Problème 30.

56. *Tourner un plan donné autour de sa trace horizontale, jusqu'à ce qu'il fasse, avec le plan horizontal de projection, un angle de 25°, et déterminer la position de la trace verticale après qu'il a tourné.*

Soit $p\,q\,p'$ le plan donné (fig. 129). Construisons sur la charnière $p\,q$, le rabattement de l'angle que fait le plan donné avec le plan horizontal de projection. Au point a sur $a\,b$ faisons un angle de 25°. Relevons ensuite le point n, en n, et $q\,n'$ sera la trace verticale du plan, dans sa nouvelle position.

Problème 31.

57. *Par un point donné a, a', menons un plan qui fasse l'angle α avec le plan horizontal, et l'angle β avec le plan vertical de projection.*

Première solution. Pour que le problème soit possible, il faut et il suffit que $\alpha + \beta > 90$. — Supposons actuellement le problème résolu, et prenons un point a sur $L\,T$ (fig. 130). Menons une perpendiculaire $a\,B$ au plan $p\,q\,p'$, ensuite par le point a, une perpendiculaire $a\,y$ au plan horizontal, et $a\,z$ perpendiculaire au plan vertical. On a l'angle $B\,a\,y = \alpha$; or, cet angle est le complément de l'angle que fait la droite $a\,B$ avec sa projection horizontale. Donc la droite $B\,a$ fait un angle avec le plan horizontal $= 90° - \alpha$. Mais l'angle β est égal à l'angle $B\,a\,z$, et il est le complément de l'angle que fait la droite $B\,a$ avec sa projection verticale, donc l'angle que fait $B\,a$ avec le plan vertical, est égal à $90° - \beta$.

Il suffira donc, pour résoudre le problème, de mener par le point a à la ligne de terre une droite, faisant, avec le plan horizontal, un angle égal à $90^0 - \alpha$, et avec le plan vertical un angle égal à $90^0 - \beta$. Problème que nous savons résoudre (n.° 54), et mener ensuite par le point donné a, a' un plan perpendiculaire à cette droite.

Le problème est possible, car la somme des angles que fait la droite aB avec les plans des projections est égal à $180^0 - \alpha + \beta$. Or $\alpha + \beta > 90^0$, donc $180^0 - \alpha + \beta < 90^0$.

Seconde solution. On cherche les angles que fait un plan avec les plans de projection (probl. 29). Les deux plans de section droite déterminent, par leur intersection, une perpendiculaire au plan et ses deux lignes sont égales entre elles.

Cela posé, menons la droite $c'd$ (fig. 131), faisant l'angle α avec la ligne de terre, et abaissons la perpendiculaire ah. Du point a comme centre, avec le rayon ad, décrivons un arc de cercle; la trace horizontale devra lui être tangente. Du point a comme centre, avec le rayon ah, décrivons un autre arc de cercle, et menons à cet arc une tangente faisant avec LT l'angle β. Soit cf cette tangente. Par le point f, menons une tangente à la circonférence da, et nous aurons la trace horizontale; joignons qc', et nous aurons la trace verticale.

Pour terminer la solution de cette question, il suffit de mener, par le point donné m, m', un plan parallèle au plan pqp' (probl. 17). On obtiendra PQP', qui sera le plan demandé.

PROBLÈME 32.

58. *Trouver l'angle de deux droites.*

Deux droites peuvent, sans se couper, faire un angle.

Deux droites parallèles font entre elles un angle nul.

L'angle de deux droites qui ne se coupent pas, est égal à l'angle de deux parallèles à ces droites, menées par un même point.

De ce qui précède, il résulte que nous n'aurons jamais à chercher que l'angle des droites qui se coupent, car on pourra toujours, par un point pris à volonté, mener des parallèles à des droites données, et chercher l'angle de ces dernières.

On reconnaîtra facilement quand les droites ne se coupent pas, car alors le point de rencontre de leurs projections verticales, et celui de leurs projections horizontales, ne sont pas situés sur une même perpendiculaire à la ligne de terre.

Soient $ls, l's'$ et $tu, t'u'$, les projections des droites (fig. 132) qui se coupent au point a, a'. Cherchons les traces horizontales de ces deux droites, et menons la ligne ec; on pourra considérer cette dernière comme base d'un triangle dont le sommet est projeté en a, a'. Donc, pour résoudre la question, il suffit de trouver l'angle A opposé à la base ec.

A cet effet, faisons tourner le triangle autour de sa base, pour le rabattre sur le plan horizontal; dans le mouvement, le sommet A décrira un arc de cercle perpendiculaire à la base ec, et par suite au plan horizontal; donc, la trace horizontale du plan de l'arc, passe par la projection horizontale du sommet, et n'est autre que la perpendiculaire am. Le point m est le centre de l'arc, puisqu'il doit se trouver sur l'axe de rotation et dans le plan perpendiculaire à cet axe; le rayon est la droite qui unit, dans l'espace, le centre m au point A, sommet du triangle. Or, ce rayon est l'hypoténuse d'un triangle rectangle, dont les deux côtés de l'angle droit sont, l'un la trace horizontale am du plan de l'arc, l'autre la hauteur verticale du point de rencontre des deux droites données. Construisons le triangle rectangle $maA_{\prime\prime}$ sur le plan horizontal; la hauteur verticale du point A se rabat, suivant la perpendiculaire menée par la projection horizontale de ce point, sur la trace horizontale du plan de l'arc; portons sur cette perpendiculaire une longueur égale à la distance $a'o$, et menons l'hypoténuse $mA_{\prime\prime}$, nous aurons le rayon demandé.

Ramenons $mA_{\prime\prime}$ dans sa véritable position; puis faisons tourner le triangle autour de la charnière ec, pour le rabattre aussi sur le plan horizontal. Dans ce mouvement, le sommet ne quittant pas le plan de l'arc qu'il décrit, se rabat en quelque point de la trace horizontale de ce plan; si donc on porte, à partir du centre m, une longueur $mA_{\prime\prime}$, on a le rabattement du sommet en $A_{\prime}$; en unissant le point $A_{\prime}$ aux points e et c, on obtient le rabattement du triangle, et l'angle $eA_{\prime}c$ est l'angle des deux droites.

On peut résoudre la même question, en cherchant, au lieu de la véritable grandeur de la hauteur, celle des deux autres côtés AE et AC, que l'on obtient facilement, en ramenant ces droites parallèlement au plan vertical de projection. Alors les projections verticales de ces droites dans la nouvelle position, représenteront en véritable grandeur, les deux autres côtés du triangle. La question sera donc ramenée à construire un triangle, connaissant les trois côtés; l'angle $A_{\prime}$, opposé à la base ec, sera l'angle des deux droites.

Si l'une des droites est parallèle au plan de projection horizontal, la trace horizontale eg (fig. 133) du plan contenant l'angle, est parallèle à tu. Les constructions sont faciles à suivre sur l'épure.

Si le sommet de l'angle est situé dans le plan horizontal, on mènera par un point quelconque M de BC (fig. 134), une parallèle MG à DE. On cherchera l'angle que font entre elles les deux droites BC et MG, et l'angle $aA_{\prime\prime}g$, sera en même temps celui des deux droites BC et DC.

Si les deux droites données étaient parallèles au plan horizontal, l'angle qu'elles feraient entre elles, serait égal à celui que feraient entre elles leurs projections.

Exercices.

59. *Trouver l'angle de deux droites*, lorsque :

    1.º Les droites se coupent en un même point de la ligne de terre ;

    2.º L'une est oblique et l'autre est située dans un plan de profil ;

    3.º L'une est oblique et l'autre est parallèle à la ligne de terre ;

    4.º L'une est parallèle au plan horizontal, et l'autre parallèle au plan vertical.

Solution.

1.ᵉʳ Ex. Soient les deux droites données $\alpha a'$, αa et $\alpha b'$, αb (fig. 135). Déterminons la trace horizontale PQ du plan qui contient les deux droites données, et rabattons, dans le plan horizontal autour de la charnière PQ, les droites αA et αB, et nous obtiendrons l'angle demandé $N_{\prime}\alpha M_{\prime}$.

2.ᵉ Ex. On déterminera la trace horizontale c de la droite située dans le plan de profil (fig. 136), ainsi que la trace horizontale d de la droite DE. On mènera dc, et sur cette dernière, on construira l'angle $dA_{\prime}c$ (probl. 32), qui sera l'angle demandé.

3.ᵉ Ex. Les constructions de cet exercice sont faciles à suivre sur la figure 137.

4.ᵉ Ex. On déterminera la trace horizontale PQ du plan qui contient les deux droites données AB et CD (fig. 138), autour de la charnière PQ, on rabattra les droites, et $B_{\prime}S_{\prime}D_{\prime}$ sera l'angle cherché.

Problème 33.

60. *Trouver la bissectrice de l'angle de deux droites.*

Construisons, comme dans le problème précédent, l'angle $eA_{\prime}c_{\prime}$ (fig. 139), formé par les deux droites AE et AC. Menons la bissectrice $A_{\prime}n$ de l'angle $eA_{\prime}c$. Il est clair que si on relève le triangle, pour le remettre dans sa position primitive, la droite $A_{\prime}n$ sera celle que l'on cherche ; il ne s'agit plus que de trouver ses projections. Or, dans ce mouvement, le point n, où cette droite coupe la base du triangle, reste immobile, et comme il appartient au plan horizontal, il est lui-même sa projection horizontale, et la projection verticale du même point sera n', situé sur la ligne de terre. Menons, enfin, les lignes $n\,a$ et $n'\,a'$, passant par les projections du sommet de l'angle, et nous aurons les projections de la bissectrice de l'angle des deux droites.

Remarque. Si la droite cherchée doit diviser l'angle des deux droites données en deux parties, dans le rapport de M à N, on cherche le rabattement de l'angle des deux droites, et l'on mène par le sommet de l'angle ainsi obtenu, une droite qui divise l'angle $e\,A_{,}c$ dans le rapport donné. Enfin, on détermine les projections de cette droite par le procédé indiqué plus haut.

On peut se proposer comme exercice de chercher la bissectrice de l'angle, lorsque les droites occupent les positions indiquées au n." 59.

Réciproque. Connaissant la bissectrice de l'angle de deux droites et l'une de ces droites, déterminer l'autre.

Soient $a\,c$, $a'\,c'$ les projections d'une droite, et $a\,n$, $a'\,n'$ les projections de la bissectrice donnée (fig. 139). Déterminons la trace horizontale de la droite $A\,C$ et de la bissectrice $A\,N$. Soient c et n ces points; menons la ligne $c\,n$, elle représentera la trace horizontale du plan des deux droites. Maintenant rabattons dans le plan horizontal, autour de la charnière $c\,n$, le point A en $A_{,}$, alors la droite donnée se rabattra suivant $c\,A_{,}$. Unissons le point $A_{,}$ au point n, nous aurons le rabattement de la bissectrice. Enfin, faisons l'angle $n\,A_{,}c$ égal à l'angle $e\,A_{,}n$, nous obtiendrons le point e, qui sera la trace horizontale de la seconde droite, dont les projections sont $a\,e$, $a'\,e'$.

PROBLÈME 34.

61. *Construire l'angle d'une droite et d'un plan.*

Nous savons que l'angle d'une droite avec un plan est mesuré par l'angle que fait cette droite avec sa projection sur le plan (Intr., déf. 12). Cela est fondé sur ce que cet angle est le *plus petit* de tous ceux que fait la droite avec les diverses lignes tracées par son pied dans le plan donné. De là il résulte que, si l'on abaisse d'un point quelconque de cette droite, une perpendiculaire sur le plan en question, l'angle compris entre cette perpendiculaire et la droite primitive, sera le *complément* de l'angle que l'on cherche, et il suffira pour déduire ce dernier.

Soient $p\,q\,p'$ le plan et $a\,b$, $a'\,b'$ les projections de la droite donnée (fig. 140). Par le point b, b' pris à volonté sur la droite donnée, menons une perpendiculaire $b\,c$, $b'\,c'$ au plan $p\,q\,p'$. Construisons ensuite l'angle $c\,B_{,}b$ des deux droites $A\,B$ et $B\,C$ (probl. 32). Enfin, construisons le complément de l'angle $E_{,}B_{,}b$,

58

en menant la ligne $B_{i} E_{i}$ perpendiculaire à $B' c$, et l'angle $h B_{i} E_{i}$ sera l'angle que fait la droite $A B$ avec le plan $p q p'$.

Exercices.

62. *Trouver l'angle qu'une droite fait avec un plan,* lorsque :

1.º La droite est parallèle à $L T$, et le plan oblique;

2.º La droite est oblique, et le plan est parallèle à $L T$;

3.º La droite est située dans un plan de profil, et le plan parallèle à $L T$.

Solution.

1.ᵉʳ Ex. D'un point quelconque pris sur la droite donnée, abaissez une perpendiculaire sur le plan, cherchez l'angle de ces deux droites (probl. **26**, 3.ᵉ ex.), et prenez son complément, qui sera l'angle demandé.

2.ᵉ Ex. Soient $a b$, $a' b'$ les projections de la droite, et $p q$, $p' q'$ les traces du plan donné (fig. 141). Déterminons d'abord la trace horizontale du plan qui contient la droite $A B$ et la perpendiculaire au plan; ensuite, par la méthode de rabattement, cherchons l'angle de ces deux droites, et son complément x sera l'angle cherché.

3.ᵉ Ex. Le plan étant représenté par les traces $p q$, $p' q'$, la droite par ses projections $a' b'$, $a b$ (fig. 142), l'angle demandé $n_{i} R_{i} S_{i}$ est facile à déterminer par le rabattement.

Problème 35.

63. *Trouver l'angle de deux plans.*

Soient les deux plans $p q p'$ et $r s r'$ (fig. 143). Menons un plan perpendiculaire à l'intersection de deux plans; la trace horizontale est perpendiculaire à la projection horizontale $a b$ de cette arête. Considérons cette trace $c d$, comme base du triangle dont les deux côtés sont les intersections du plan auxiliaire avec les deux plans donnés; l'angle opposé à la base $c d$ est l'angle cherché.

Faisons tourner le triangle autour de sa base, pour le rabattre sur le plan horizontal; dans le mouvement, le sommet qui est situé en quelque point de l'intersection, décrira un arc de cercle perpendiculaire à la base, et dont le plan se confond avec le plan projetant l'intersection horizontalement. Il suit de là que le point c de rencontre de la projection horizontale $a b$ de l'arête, avec la trace horizontale du plan auxiliaire, est le centre de l'arc, et le rayon est la droite qui, dans l'espace, unit le centre c au sommet inconnu du triangle. Or, ce rayon est perpendiculaire à l'arête, puisqu'il passe par son pied dans le plan auxiliaire.

Rabattons l'arète sur le plan horizontal, en faisant tourner son plan projetant $a\,b\,b'$ autour de la projection horizontale $a\,b$ de la droite; la trace verticale $b\,b'$ du plan projetant se rabat suivant la perpendiculaire $b\,B_{\prime}$ à la trace horizontale, menée au point où cette trace rencontre la ligne de terre. Unissons le point $B_{\prime}$ au point a, nous aurons $a\,B_{\prime}$ le rabattement de l'arète. Dans le mouvement, le rayon ne cessant pas d'être perpendiculaire à cette arète, se rabat suivant $e\,F_{\prime\prime}$ perpendiculaire sur le rabattement $a\,B_{\prime}$ de l'arète.

Ramenons le rayon $e\,F_{\prime\prime}$ dans sa véritable position, ensuite faisons tourner le plan auxiliaire autour de $d\,c$, pour le rabattre sur le plan horizontal. Dans le mouvement, le sommet ne quittant pas le plan de l'arc qu'il décrit, se rabat en quelque point de la projection horizontale $a\,b$ de l'arète. Si donc on porte sur cette projection, à partir du point e, une longueur égale au rayon $e\,F_{\prime\prime}$, on a le rabattement du sommet $F_{\prime}$; en unissant $F_{\prime}$ aux points d et c, extrémités de la base, on obtient le rabattement du triangle, et l'angle $d\,F_{\prime}\,c$, opposé à cette base, est l'angle rectiligne du dièdre des deux plans donnés.

Cas particulier. *Si les deux plans sont parallèles à la ligne de terre.* Soient $p\,q,\,p\,q'$ et $r\,s,\,r'\,s'$ les traces des deux plans donnés (fig. 144), on mènera un plan perpendiculaire à l'arète des deux plans, ce plan contiendra l'angle demandé. On rabattra le plan auxiliaire sur l'un des plans de projection, et on aura (probl. 14, ex. 2) les rabattements des intersections $b\,b_{\prime}$ et $a\,a_{\prime}$ du plan auxiliaire avec les deux plans donnés, et l'angle $b\,I_{\prime}\,a$ de ces droites sera l'angle rectiligne du dièdre des plans parallèles à la ligne de terre.

On peut aussi ramener cette question à l'angle de deux droites; car, si d'un point quelconque pris dans l'intérieur du dièdre, on abaisse des perpendiculaires sur les plans donnés, on obtient un angle formé par ces perpendiculaires; cet angle est le supplément du dièdre.

Nous proposons comme exercices de chercher les constructions suivantes.

Exercices.

64. *Trouver l'angle de deux plans,* lorsque:
  1.º L'un est perpendiculaire à $L\,T$ et l'autre oblique;
  2.º Les traces horizontales sont parallèles;
  3.º Les traces horizontales se rencontrent, sans que les traces verticales se rencontrent dans les limites du dessin;
  4.º L'un est perpendiculaire et l'autre parallèle à la ligne de terre;
  5.º Les traces horizontales se confondent en une seule ligne droite.

Problème 36.

65. *Trouver un plan qui passe par l'intersection de deux plans donnés, et qui divise l'angle dièdre en deux parties égales.*

Cherchons l'angle des deux plans (probl. 35) et soit $dF_{,}c$ cet angle (fig. 145). Partageons-le en deux parties égales, par la droite $F_{,}m$, qui rencontre la base du triangle au point m; remarquons que si on relève le plan du triangle $cdF_{,}$ dans sa véritable position, la ligne $F_{,}m$ viendra se placer dans le plan demandé. Or cette ligne continue à passer par le point m, et comme ce point est situé dans le plan horizontal, il s'ensuit qu'il sera contenu sur la trace horizontale du plan demandé. Mais les traces du plan cherché doivent passer l'une par a, l'autre par b'; donc il sera déterminé par les traces am' et $m'b'$.

Problème 37.

66. *Étant donné un plan PQP' et une droite AB* (pl. 30) *qui coupe ce plan sous un angle quelconque, mener par la droite AB un plan qui fasse avec le plan PQP' l'angle α.*

Supposons un instant que le plan donné est horizontal (fig. 1), et soit AB la droite. D'un point quelconque de AB, abaissons une perpendiculaire BC sur le plan donné, et joignons le pied A de la droite AB au pied C de la perpendiculaire. Menons ensuite la droite BD, faisant un angle α avec la droite AC. Du point C comme centre, avec un rayon égal à CD, décrivons une circonférence. Enfin, par le point A, menons des tangentes qui détermineront avec la droite donnée AB, deux plans qui satisfont à la question. On voit que le problème n'est possible qu'autant que le point D tombe entre A et C, car autrement on ne pourrait mener des tangentes. Cela posé, nous pouvons passer à la construction de l'épure (fig. 2).

Soit PQP' le plan donné, et ab, $a'b'$ les projections de la droite. Abaissons la perpendiculaire bc, $b'c'$ sur le plan PQP', et cherchons les intersections a, a' et c, c' de la droite et de la perpendiculaire avec le plan. Joignons ca et $c'a'$, et rabattons le plan PQP' sur le plan horizontal de projection, autour de PQ. La droite ca, $c'a'$ se rabattra en $C_{,}A_{,}$, et la perpendiculaire au plan se rabattra suivant $B_{,}C_{,}$. Construisons maintenant l'angle $B_{,}D_{,}C_{,}$ égal à l'angle donné α, ou bien faisons au point $B_{,}$ un angle $C_{,}B_{,}D_{,}$ égal à $90° - \alpha$. Décrivons une circonférence avec le rayon $C_{,}D_{,}$ et par le point $A_{,}$ menons des tangentes $A_{,}F_{,}$ et $A_{,}E_{,}$. Enfin, par $A_{,}E_{,}$ et ab, $a'b'$ faisons passer le plan cherché. Le point *e* reste fixe, en relevant le système; la trace horizontale du plan cherché doit passer par ce point, donc le plan sera *e n e'*. On trouve de même la deuxième solution *i t i'*.

———

Nous proposons comme exercices les questions suivantes.

1.º *Déterminer les traces d'un plan qui divise l'angle de deux plans donnés, dans le rapport de* m *à* n.

2.º *Déterminer les traces d'un plan, connaissant un plan et le plan bissecteur de l'angle de deux plans.*

3.º *Déterminer le centre de la sphère inscrite à une pyramide donnée.*

Problème 38.

67. *Réduire à l'horizon l'angle de deux droites.*

Cette question s'applique généralement à la levée des plans, et a pour objet de trouver la projection horizontale d'un angle qui est donné de grandeur, et dont les côtés font, avec la verticale abaissée du sommet, des angles donnés.

Soient $C a D$, $a' a D$ et $a' a c$ les angles donnés (fig. 146). Il s'agit de déterminer l'angle $c a' D$. Dans un plan quelconque, faisons avec la verticale $a a'$ les angles $a' a b$, $a' a c$ (fig. 147) égaux respectivement aux angles donnés; faisons tourner le dernier, $a' a C$, autour de $a a'$ jusqu'à ce que le côté mobile $a c$ forme, dans l'espace, un angle α avec le côté $a a'$, qui reste fixe. Nous obtiendrons ainsi l'angle donné dans sa position réelle, et il nous sera dès lors facile de trouver sa projection horizontale. Dans ce mouvement de rotation autour de $a a'$, le pied c du côté mobile décrira un arc de cercle $c p$, dont le centre sera en a', et il s'arrêtera sur cet arc en un point c' tel que sa distance au point fixe B sera évidemment la base du triangle, qui aura pour côté des droites égales à $a b$ et $a c$, et l'angle compris $b a c''$ sera égal à α. Prenons $a c'' = a c$, la droite $b c''$ sera la distance demandée; rapportons-la par un arc de cercle de b en c', nous trouverons la position du point c' où doit s'arrêter le pied du côté mobile $a c$; la projection horizontale de cette droite sera $a' D$. Le côté fixe $a b$ se projette sur $a' b$, on en déduira que l'angle α de l'espace a pour projection horizontale $b a' D$. C'est donc cet angle $b a' D$ qui peut être plus grand ou plus petit que l'angle donné α, qui sera employé dans la levée des plans, où tous les objets de l'espace doivent être représentés par leurs projections.

Ces moyens sont employés pour dresser les cartes topographiques.

Cas particulier. Si l'une des droites est horizontale, par exemple $a C$ (fig. 148), le point D se trouve sur la circonférence décrite de a' comme centre, avec $a'D$ comme rayon, on trouve facilement $a'D$. Si l'on connaissait $m'D$, le point D serait déterminé; or, on trouve $m'D$ par la considération des triangles amD et $mm'D$. Nous remarquons que m,m' est un point quelconque pris sur la droite aC'.

On peut se proposer de résoudre la question suivante : *Connaissant l'angle réduit à l'horizon et les deux côtés de l'angle, trouver l'angle dans sa position primitive.*

Problème 39.

68. *Trouver la distance d'un point à une droite.*

La méthode des projections ne donne pas les moyens de reconnaître si deux droites de l'espace sont perpendiculaires. Il résulte de là qu'en géométrie descriptive, on ne peut d'un point donné, abaisser directement une perpendiculaire sur une droite donnée.

1.re *Solution.* Soient ab, $a'b'$ les projections de la droite, et m,m' les projections du point donné (fig. 148). On effectuera les constructions indiquées (probl. 25, rem. 2), et $M_{\prime}N_{\prime}$ sera la distance du point M à la droite AB.

2.e *Solution.* Pour résoudre la question, il faut d'abord mener par le point M (fig. 148^a) un plan perpendiculaire à la droite AB (probl. 25, n.° 49). On cherche ensuite le point de rencontre de la droite AB avec le plan auxiliaire pqp' (probl. 13, n.° 30). On joint le point de rencontre n,n' avec le point donné m,m'; la droite ainsi obtenue est perpendiculaire à la droite donnée, comme passant par son pied dans le plan auxiliaire. On cherche, enfin, la longueur de cette perpendiculaire (probl. 11, n.° 27), et on obtient $n_{\prime\prime}m$, qui est la distance du point M à la droite AB.

Problème 40.

69. *Trouver la plus courte distance entre deux droites* (pl. 32).

On sait que la plus courte distance entre deux droites est leur perpendiculaire commune.

Soient AB et CD les deux droites données (fig. 1). Par la droite CD, menons un plan PQ parallèle à la droite AB. D'un point quelconque B de la droite AB, abaissons la perpendiculaire Bb sur le plan PQ; ensuite par le pied b, menons une parallèle à la droite AB jusqu'à la rencontre de CD; enfin, par le point e menons une parallèle à Bb, et la droite Ee sera la plus courte distance entre les deux droites données. En effet la droite Ee se trouve dans le plan $EBbe$

perpendiculaire au plan PQ, et par conséquent eE rencontrera AB et sera perpendiculaire aux deux droites en même temps, puisqu'elle l'est sur le plan PQ, qui est parallèle à ces droites. Pour prouver que Ee est plus courte que toute autre droite qui joint les droites AB et CD, il suffit d'observer qu'en joignant deux points quelconques m et n, la droite mn sortira du plan $EBbe$, toutes les fois que le point n sera différent de E; dès lors mn sera une oblique par rapport au plan PQ, et par conséquent elle sera plus longue que la perpendiculaire mo, qui est égale à Ee. Si le point n coïncidait avec E, la droite me serait oblique par rapport à AB, et par conséquent plus longue que la perpendiculaire Ee, qui est la plus courte de toutes les lignes qui peuvent réunir deux points quelconques des droites données.

Cela posé, nous pouvons construire l'épure. Soient ab, $a'b'$ et cd, $c'd'$ les projections des droites données (fig. 2). Par la droite CD, menons un plan parallèle à la seconde droite AB; à cet effet, pour simplifier les constructions, par le point b', où la droite AB rencontre le plan vertical, menons une parallèle à la droite CD; les points a et e de rencontre des deux droites avec le plan horizontal, détermineront la trace horizontale qp du plan demandé. Nous obtiendrons la trace verticale, en unissant le point d'intersection p de la trace horizontale avec la ligne de terre au point b', où la droite AB perce le plan vertical.

D'un point quelconque f, f' de la seconde droite, menons une perpendiculaire au plan auxiliaire, les projections sont respectivement perpendiculaires aux traces du plan pqp' (probl. 26). Cette droite est située dans le plan qui serait conduit suivant la droite perpendiculaire au plan auxiliaire. Cherchons le point i, i', où cette perpendiculaire rencontre le plan pqp'. Menons par le pied i, i', et parallèlement à cd, $c'd'$, une droite ig, $i'g'$, qui coupera la droite AB; les deux points g et g' devront être sur une même perpendiculaire à la ligne de terre. Ensuite, du point g, g', nous mènerons parallèlement à fi, $f'i'$ la ligne gh, $g'h'$, et comme elle doit aussi rencontrer la droite cd, $c'd'$, il faudra encore que h et h' se correspondent sur une même perpendiculaire à la ligne de terre. Alors gh et $g'h'$ seront les projections de la plus courte distance demandée; enfin, pour obtenir la véritable grandeur, on fera (probl. 11, n.° 27), sur l'horizontale menée par le point g', une partie $kg'' = gh$, et l'on tracera la droite $g''h'$, qui sera la véritable longueur de la distance demandée.

Cas particulier. Si l'une des droites est verticale. Le plan auxiliaire, conduit suivant la droite oblique parallèlement à la verticale, se confond avec le plan projetant l'oblique sur le plan horizontal, et la trace horizontale de ce plan n'est autre que la projection horizontale de la seconde droite (fig. 3).

Quel que soit le point de rencontre de la verticale avec la perpendiculaire commune aux deux droites, la projection horizontale de ce point se confond avec le point où la verticale perce le plan horizontal. Mais de plus, la distance de ces deux droites est perpendiculaire au plan auxiliaire; sa projection horizontale est la perpendiculaire tracée de ce point sur la trace du plan, c'est-à-dire sur la projection horizontale de l'oblique. Le pied de cette perpendiculaire est la projection horizontale du point de rencontre de la plus courte distance avec la seconde droite, point qui se projette verticalement sur la projection verticale de cette oblique.

La distance cherchée est une horizontale, car elle est perpendiculaire à une verticale, donc elle se projettera en vraie grandeur sur le plan horizontal. Sa projection verticale sera parallèle à la ligne de terre, menée par la projection verticale du point que l'on vient de déterminer. Enfin, la rencontre de cette droite avec la projection verticale de la première droite, est la projection verticale du second point de la plus courte distance entre les deux droites.

Remarque. Si les deux droites sont parallèles entre elles, leur distance est partout la même; pour l'obtenir, il suffira de chercher la plus *courte distance de la première droite à un point de la seconde.* On résout la question au moyen du problème.

Théorème.

70. Si d'un point O (fig. 155), pris à l'intérieur d'un trièdre $SABC$, on abaisse les perpendiculaires OR, OQ, OP, sur les trois faces ASB, BSC et ASC, et que par ces droites on fasse passer les plans POQ, POR, QOR, on forme ainsi un second trièdre supplémentaire du premier, c'est-à-dire : 1.° que les angles plans du trièdre intérieur sont les suppléments des angles dièdres du trièdre $SABC$; 2.° que les angles plans ASB, BSC et ASC de celui-ci sont les suppléments des angles dièdres du trièdre intérieur.

1.° Le plan $aROP$, mené suivant les droites RO et OP, perpendiculaires aux faces ASB et ASC, est perpendiculaire à l'arête SA. Cette arête est donc perpendiculaire aux droites aR et aP; l'angle RaP est donc l'angle rectiligne du dièdre $BSAC$. Dans le quadrilatère $ORaP$ les angles aRO et aPO étant droits, il s'ensuit que l'angle plan ROP est le supplément de l'angle rectiligne du dièdre $BSAC$. On démontrerait de même que l'angle plan ROQ est le supplément de l'angle dièdre $ASBC$, et que l'angle QOP est le supplément du dièdre $BSCA$.

2.º Les arêtes SA et SB étant perpendiculaires aux faces du dièdre $aORb$, le plan ASB est perpendiculaire à son arête RO; l'angle aRb est donc le rectiligne du dièdre $aORB$. Mais dans le quadrilatère $SaRb$, les angles SaR et SbR sont droits; l'angle plan ASB est donc le supplément de l'angle rectiligne aRb. On démontrerait de même que l'angle plan BSC est le supplément de l'angle dièdre $bOQc$, que ASC est le supplément de $cPOa$.

Cela posé, généralisons et représentons par A, B, C les angles plans d'un trièdre, et par a, b, c les angles dièdres; A', B', C' représenteront les angles plans du trièdre supplémentaire, et α, β, γ les angles dièdres.

Nous aurons les relations suivantes :

$$A + \alpha = 180° \qquad\qquad A' + a = 180°$$
$$B + \beta = 180° \qquad\qquad B' + b = 180°$$
$$C + \gamma = 180° \qquad\qquad C' + c = 180°$$

à l'aide desquelles on peut se proposer de résoudre les problèmes suivants.

Étant donné :

1.º Les trois angles plans $\qquad\qquad A, B, C,$ déterminer a, b, c.

2.º Deux angles plans et le dièdre compris $\qquad A\,B\,a \qquad — \qquad C, b, c$.

3.º Deux angles plans et le dièdre opposé à l'un d'eux $A, B, c \qquad — \qquad a, b, C$.

4.º Deux angles dièdres et un des angles plans opposés $a, b, C \qquad — \qquad A, B, c$.

5.º Deux angles dièdres et l'angle plan compris $\quad b, c, C \qquad — \qquad A, B, a$.

6.º Les trois angles dièdres $\qquad\qquad a, b, c \qquad — \qquad A, B, C$.

En examinant les questions 4, 5 et 6, on voit que par les relations précédentes du trièdre supplémentaire, ces questions peuvent être assimilées aux questions 3, 2 et 1; en opérant sur le trièdre supplémentaire, ces questions peuvent être alors posées de la manière suivante.

Étant donnés :

4. Deux angles plans et le dièdre opposé à l'un d'eux A', B', γ déterminer α, β, C'.

5. Deux angles plans et le dièdre compris $\qquad A', B', \alpha \qquad — \qquad C', \beta, \gamma$.

6. Les trois angles plans $\qquad\qquad A', B', C' \qquad — \qquad \alpha, \beta, \gamma$.

PROBLÈME 41.

71. *Étant donnés les trois angles plans d'un trièdre, déterminer les trois dièdres.*

Pour plus de simplicité, prenons l'un des angles plans du trièdre pour plan de projection. Ce plan contiendra deux arêtes AS et BS (fig. 149). La troisième arête est la droite de l'espace, qui fait avec les deux premières des angles égaux aux deux autres angles plans donnés. Si l'on rabat ces plans sur le premier, la troisième arête se dédoublera et ses deux rabattements seront les droites SC, SC', passant par le sommet S dans le plan de projection; ces droites feront, avec les arêtes SA et SB, des angles respectivement égaux aux deux angles plans donnés. Dans le mouvement, un point E, pris arbitrairement sur la troisième arête, est aussi dédoublé et sera représenté sur le plan de projection par e, e'. Ce point décrit deux arcs de cercle, dont les plans sont perpendiculaires aux arêtes AS, SB; par conséquent leurs traces seront perpendiculaires à ces droites. Si donc on abaisse des points e, e' successivement des perpendiculaires à AS et SB, on obtiendra les traces eg, $e'f$ des plans des deux arcs. Les centres de ces arcs étant situés sur l'axe de rotation et dans les plans perpendiculaires à ces axes, seront donc aux points f et g. Ensuite les rayons ne changeant pas de grandeur, seront respectivement égaux aux perpendiculaires fe' et eg. Pour obtenir la projection de la troisième arête, nous remarquerons que le point E, pris sur cette droite, appartient aux plans des deux arcs qui sont perpendiculaires au plan de projection, et par suite se projette sur les traces de ces plans, savoir, au point de rencontre E_i de ces traces; donc, en menant la ligne SE_i, on aura la projection de la troisième arête.

Cherchons maintenant l'angle rectiligne du dièdre de la face ASB avec BSC'. Cet angle est formé par les intersections de ces faces avec le plan de l'arc perpendiculaire à l'arête SB, et il est un des angles aigus du triangle rectangle dont l'hypoténuse est le rayon, ramené dans sa position réelle, et les deux côtés de l'angle droit sont l'un la trace $E_i f$ du plan de l'arc, l'autre la ligne qui projette le point E_i pris sur la troisième arête. Rabattons ce triangle sur le plan de projection autour de la charnière $E_i f$; le second côté de l'angle droit se rabat suivant la perpendiculaire à $E_i f$, passant par le point E_{ii}. Du sommet f de l'angle cherché comme centre, avec un rayon égal à l'hypoténuse fe', décrivons l'arc de cercle. Son intersection E_{ii} avec la perpendiculaire $E_i E_{ii}$ sera le rabattement du troisième sommet du triangle. Menons enfin $E_{ii} f$, et l'angle rectiligne $E_{ii} f E_i$ est l'angle du dièdre premier.

De la même manière on trouvera l'angle rectiligne de la première face ASB avec la troisième ASC.

Pour trouver l'angle rectiligne du dièdre des faces BSC' et ASC, il faut couper le trièdre par un plan perpendiculaire à l'arête SE. Sa trace sera perpendiculaire à la projection SE_3, et pourra être considérée comme base d'un triangle, dont l'angle opposé est l'angle cherché. Cherchons les deux autres côtés du triangle, qui sont perpendiculaires à l'arête troisième SE; après le rabattement des deux faces BSC', ASC sur le plan de projection, ces deux côtés seront $En, E'm$ respectivement perpendiculaires à SC et SC', et mn sera la base du triangle. Décrivons des arcs des points n, m comme centres, avec des rayons égaux à ces perpendiculaires; leur point d'intersection E_3 est le rabattement du sommet du triangle autour de la base mn. Menons enfin $E_3\,n$, $E_3\,m$, l'angle $n\,E_3\,m$ est l'angle rectiligne du troisième dièdre.

Vérification. 1.º En déterminant les angles $E_i f E_{ii}$, $E_i g E_{ii}$, on obtient deux rabattements de la ligne qui projette le point E, choisi sur la troisième arête; donc les droites $E_i E_{ii}$ sont égales entre elles; 2.º après le rabattement de l'angle rectiligne $n\,E_3\,m$, le sommet E_3 doit se trouver sur la projection de la troisième arête.

Nous proposons de faire les constructions de la réciproque. *Étant donnés les angles rectilignes des trois dièdres d'un trièdre, trouver les trois angles plans.*

<h3 align="center">PROBLÈME 42.</h3>

72. *Deux angles plans étant donnés, et l'angle rectiligne du dièdre compris, trouver le trièdre.*

Comme dans le problème précédent, prenons l'un des deux angles plans donnés pour plan de projection. Soit ASB ce plan (fig. 150), la seconde face sera ASC'. Cherchons la projection de la troisième arête, que l'on obtient en construisant l'angle $E_{ii} g E_i$ égal à l'angle donné (probl. 41). On aura donc SE_i pour la projection de la troisième arête. Abaissons une perpendiculaire du point E_i sur SB, et du point S comme centre, avec un rayon égal à Se, décrivons l'arc qui coupe la perpendiculaire $E_i f$ au point e'. Menons enfin Se' et nous obtiendrons ainsi la troisième face BSC du trièdre.

Remarque. Au moyen du trièdre supplémentaire[1], on pourra résoudre le problème réciproque. *Connaissant les angles rectilignes de deux dièdres et l'angle plan compris, construire le trièdre.*

<h3 align="center">PROBLÈME 43.</h3>

73. *Connaissant deux angles plans et l'angle rectiligne du dièdre opposé à l'un d'eux, trouver le trièdre.*

Disposons encore les deux angles plans connus ASB, ASC comme dans le problème précédent (fig. 151). Dans la rotation de la face ASC autour de l'arête

SA, un point quelconque E de la troisième arête décrit dans l'espace un arc de cercle perpendiculaire à l'axe; cet arc rencontrera généralement le troisième angle plan en deux points, et les deux droites, qui les uniront au sommet, formeront, avec les deux premières arêtes, deux trièdres qui pourront satisfaire à la question.

Les deux points qu'il faut déterminer, appartiennent au plan de l'arc et au plan dont l'inclinaison sur le plan de projection est donné par l'angle rectiligne connu. Ces deux points sont situés sur leur intersection; pour obtenir cette droite, observons que la rencontre de la trace horizontale du plan avec l'arête SB est un point de cette intersection; pour trouver le second, nous emploierons un plan auxiliaire perpendiculaire à l'arête SB, passant par le centre g de l'arc. Son intersection avec le plan de l'arc sera perpendiculaire au plan de projection, et l'intersection du même plan avec la troisième face, fera avec la trace gf du plan auxiliaire, un angle égal à l'angle rectiligne donné. Il suit de là que les directions de ces droites sont déterminées, puisqu'elles sont respectivement situées dans le plan de l'arc et sur le troisième angle plan; leur point de rencontre sera un second point de l'intersection de ces deux plans.

Rabattons d'abord le plan auxiliaire sur le plan de projection, en le faisant tourner autour de sa trace; l'intersection du plan auxiliaire avec le plan de l'arc, se rabat suivant gh perpendiculaire à sa trace, menée par le centre, et son intersection avec la troisième face se rabat suivant la droite fh, menée par le point f de rencontre du plan auxiliaire avec la seconde arête, et faisant avec la trace gf un angle gfh égal à l'angle rectiligne donné. Donc l'intersection de ces deux droites est un premier rabattement du point demandé; la longueur de la perpendiculaire est égale à la distance de ce point au plan de projection.

Ramenons cette distance dans sa véritable position, et rabattons, en second lieu, le plan de l'arc sur le plan de projection; la perpendiculaire prendra la direction de la première arête. Rapportons, au moyen d'un arc de cercle hh', cette perpendiculaire sur la même arête, nous aurons le second rabattement du point cherché. En le joignant au point de rencontre m du plan de l'arc avec la deuxième arête, nous obtiendrons le rabattement de l'intersection de ce plan avec la troisième face. On connaît l'arc décrit par le point pris sur la troisième arête, dont le rayon et le centre sont connus et qui s'est aussi rabattu sur le plan de projection. Donc les points de rencontre $E_{,}$ et $I_{,}$ de cet arc avec la droite d'intersection que nous venons de trouver, donnent les rabattements des deux points de rencontre de l'arc avec la troisième face.

Les deux points donneront les deux solutions du problème, lorsqu'ils seront situés du même côté de la trace du plan de l'arc. Si la droite est tangente à l'arc, on aura une seule solution. Le problème sera impossible, lorsque la droite ne rencontre point l'arc. Enfin, si la droite rencontre l'arc en deux points situés de côté et d'autre de la trace de son plan, le problème ne sera satisfait que par l'un d'eux, parce que la position du second point dans l'espace serait sur le prolongement du troisième angle plan, et que ce prolongement fait, avec la première face, un dièdre supplémentaire de celui qui est donné.

Ramenons maintenant dans sa première position le plan de l'arc, les deux points qui satisfont au problème, décriront des arcs de cercles perpendiculaires à la trace, et se projetteront sur les traces des plans de ces nouveaux arcs; mais ils doivent aussi se projeter sur la trace $e\,m$ du plan du premier arc, d'où il suit que les points de rencontre b et i de ces trois droites sont les projections des deux points. Menons par ces derniers points les lignes au sommet, nous obtiendrons les projections de la troisième arête de chacun des deux trièdres.

On obtient le troisième angle plan de chaque trièdre, en rabattant la troisième face, qui leur est commune sur le plan de projection.

On pourra aussi déterminer les deux dièdres inconnus par le problème 41, n.° 70.

Le problème réciproque : *Étant donnés les angles rectilignes de deux dièdres et l'angle plan opposé à l'un d'eux, trouver le trièdre*, peut se résoudre au moyen du trièdre supplémentaire.

Remarque. Comme on peut se proposer six problèmes distincts, dont trois sont déjà résolus, il nous resterait encore les trois autres à résoudre. Connaissant :

1.° Deux angles dièdres et une des faces opposées;

2.° Deux angles dièdres et la face comprise;

3.° Les trois angles dièdres.

Mais ces trois derniers cas peuvent se ramener aux trois précédents, que nous avons résolus à l'aide d'un trièdre supplémentaire.

Exercices.

74. 1.° *Construire la hauteur d'un tétraèdre, connaissant les quatre sommets, et déterminer le rabattement du centre de gravité.*

2.° *Étant donnés les centres de deux sphères qui se coupent et leurs rayons, trouver le centre du cercle d'intersection, et les traces du plan du cercle.*

Solution.

1.er Ex. Par les trois sommets de la base, faisons passer un plan (probl. 15, n.° 34); ensuite des projections des quatre sommets, abaissons des perpendiculaires sur les traces du plan. Rabattons sur le plan horizontal de projection la base du tétraèdre, le pied de la hauteur, ainsi que le quatrième sommet, et l'on obtiendra la véritable grandeur de la hauteur.

Après avoir déterminé le rabattement sur le plan horizontal de la base et du sommet du tétraèdre, on prendra le centre de gravité de cette base, et au moyen de ce point, il sera facile d'obtenir les projections du centre de gravité demandé (probl. 8).

2.e Ex. On mènera un plan par la droite qui joint les centres donnés des deux sphères; on rabattra sur le plan horizontal ces points; alors, avec les rayons donnés, on décrira, de chacun des points rabattus, des arcs dont les intersections appartiennent au cercle d'intersection des deux sphères, ayant son centre au milieu de cette droite d'intersection, qui est perpendiculaire à la droite qui joint les deux centres. Relevant donc ces points suivant une droite perpendiculaire à celle qui joint les centres, on pourra construire le plan de la section, et déterminer les projections du centre et du cercle.

Nous laissons au lecteur le soin de la construction de l'épure.

Application.

Construction d'un cadran solaire.

75. Nous indiquerons d'abord la construction d'un cadran solaire sur le plan horizontal.

Désignons la sphère terrestre par $PEGK$ (fig. 152), et soient P, P' les pôles, $GKEL$ l'équateur, le point A un lieu de la terre, PGE le méridien du lieu, l'arc AE la latitude du lieu, ou la hauteur du pôle pour ce lieu. La tangente BAD, provenant de l'intersection du plan méridien avec l'horizon, une méridienne. Le point I de la verticale OI, le zénith.

Remarquons que la droite CAF, menée par le lieu A parallèlement à l'axe PP', forme avec la méridienne BD un angle $BAC = DAF$, qui a pour mesure la moitié de l'arc AEH ou l'arc AE, qui est la latitude ou la hauteur du pôle pour le lieu A; cette droite reste constamment parallèle à l'axe PP', lors du mouvement diurne de notre terre d'occident en orient sur son axe.

De cette remarque il résulte : qu'un style AC fixé en un lieu A de notre globe, dans la direction du sud au nord, formant d'ailleurs avec la méridienne un angle égal à la hauteur du pôle, restera, lors de la rotation de la terre d'occident en orient autour de son axe, constamment dans un plan méridien parallèle à l'axe. L'ombre du style à midi se projettera sur la méridienne du lieu, et les projections de ces ombres à l'ouest de cette ligne indiqueront les heures avant midi, tandis que celles de l'après-midi se trouveront sur les ombres qui sont à l'est de la méridienne.

Les principes du tracé du cadran solaire se déduisent des remarques précédentes. En effet, le plan méridien étant perpendiculaire au plan horizontal, et l'intersection de ce plan formant la méridienne, il suit de là que si par une méridienne xy (fig. 153), ayant en x le sud et en y le nord, on conçoit deux plans de projection : l'un, vertical xz, contiendra le plan méridien ; l'autre, xu horizontal, comprendra l'horizon, et la ligne de terre sera la méridienne xy. De plus, si l'on mène une droite $\alpha a'$ dans le plan vertical, de manière à former avec xy l'angle de latitude du lieu, elle représentera le style, ainsi que la trace verticale d'un plan, qui déterminera sur xy l'ombre portée à midi, tandis que sa trace horizontale αa représentera l'ombre du style pour une heure donnée. On nomme le plan $a'\alpha a$, *plan horaire*, puisqu'il a pour toutes les heures de la journée le style $\alpha a'$, trace verticale constante, pendant que la trace horizontale varie avec les heures de la journée, qui, avec 15° par heure, déterminent l'angle bde. On obtient cet angle en élevant en un point quelconque d de $\alpha a'$, deux perpendiculaires : l'une db, située dans le plan xz, l'autre dans le plan $a'\alpha a$. L'angle bde est l'inclinaison du plan $a\alpha a'$ avec le plan vertical. Dans cette situation, la détermination de l'ombre αa est ramenée au problème: *Déterminer la trace horizontale d'un plan, connaissant la trace verticale et l'angle que fait le plan avec le plan vertical de projection.*

Soit $a'\alpha$ (fig. 154) la trace verticale d'un plan (position du style formant avec la ligne de terre l'angle de latitude du lieu), et un angle donné h, par exemple celui de 15° correspondant à 1 heure après midi. Menons par un point quelconque b de la ligne de terre, deux perpendiculaires, l'une bd à la trace verticale $\alpha a'$, l'autre bc à la méridienne xy. Rabattons sur le plan horizontal le point d en $d_{,}$; au point $d_{,}$ sur xy, faisons un angle $h = 15^{\circ}$; l'intersection e du côté de l'angle h avec bc déterminera un point de la trace horizontale du plan $a'\alpha a$. La trace horizontale αa représente la direction de l'ombre cherchée pour 1 heure après midi. Prenons enfin, sur l'arc gee' décrit du point $d_{,}$ comme centre, pour construire l'angle $h = 15°$, des angles doubles, triples, etc., de l'arc $g\,e$, et menons, par les points $e, e', e'', \ldots$ ainsi déterminés, et le point α, les traces horizontales des différents plans horaires, nous aurons les ombres du style correspondantes à la 2.e, 3.e heure, etc., de l'après-midi. On obtiendra de la même manière celles avant midi.

Remarque. Quoique les arcs $g\,e, e\,e'$, etc., décrits du point d, comme centre, augmentent toujours de $15°$, les angles des traces avec la ligne de terre, tels que $g\,\alpha\,e, g\,\alpha\,e'$ n'ont pas entre eux la même différence. Ce fait se vérifie facilement par le calcul. En effet, le triangle rectangle $b\,e\,\alpha$ (fig. 153) donne pour l'angle cherché :

$$b\,e = \alpha\,b\ tg.\,e\,\alpha\,b,\ \text{d'où}\ tg.\,e\,\alpha\,b = \frac{b\,e}{\alpha\,b}$$

Afin d'exprimer les côtés $b\,e, \alpha\,b$ en angles donnés, nous emploierons les triangles rectangles $e\,d\,b, \alpha\,d\,b$, qui donnent :

$$e\,b = b\,d\ tg.\,e\,d\,b;\ b\,d = a\,b\ sin.\,d\,\alpha\,b,\ \text{d'où}\ a\,b = \frac{d\,b}{sin.\,d\,\alpha\,b}$$

on a par conséquent pour la valeur de l'angle cherché :

$$tg.\,e\,\alpha\,b = tg.\,e\,d\,b\ sin.\,d\,\alpha\,b \ldots\ldots (1).$$

Supposons l'angle de latitude du lieu $d\,\alpha\,b = 49°\,47'$, l'angle donné pour 1 heure après midi $e\,d\,b = 15°$, la formule (1) devient, en ayant égard au rayon des tables :

$$tg.\,e\,\alpha\,b = \frac{sin.\,(49°\,47')\ tg.\,15°}{10^{10}}$$

Prenons les logarithmes, on a

$$log : tg.\,e\,\alpha\,b = log : sin.\,(49°\,47') + log : tg.\,15 - 10.$$

On trouve dans les tables

$$log : sin.\,(49°\,47') = 9,8828706\ \ log : 15° = 9,4280525.$$

En achevant les calculs, on aura pour l'angle $e\,\alpha\,b$

$$e\,\alpha\,b = 11°\,33'\,48''.$$

Pour l'angle correspondant à 2^h, on aura

$$e'\,d\,b = 30°\ \text{et}\ e'\,\alpha\,b = 23°\,47'\,28''.$$

On peut continuer ainsi les calculs, et la comparaison des valeurs montre que les différences entre ces angles ne sont pas constantes, ce qu'il sera facile encore d'expliquer par la géométrie.

D'après tout ce qui précède, la construction du cadran solaire sur le plan horizontal s'exécute de la manière suivante.

On détermine d'abord la position de la ligne méridienne, en plaçant un style $S\,N$ (fig. 156) dans la direction du sud au nord, sous l'angle de latitude du lieu, et en observant son ombre portée à midi. On marque les points est et ouest. Puis, par un point quelconque O, pris comme centre sur la droite $S_{,}N_{,}$, on décrit d'un rayon quelconque une circonférence ; on porte sur celle-ci, à partir du point b, les droites déterminées soit par le calcul, soit par la construction des angles correspondants aux différentes heures de la journée ; alors on aura, dans les divisions de l'ouest, les heures du matin, et dans celles de l'est, les heures de l'après-midi.

Si l'on avait à construire un cadran solaire sur un plan vertical, nous observerions que la verticale OI (fig. 152) ferait un angle droit avec la méridienne BD, et par suite le style CA ferait avec la verticale OI un angle CAI, qui serait le complément de l'angle de latitude CAB ; si donc, par un point h de la verticale AI (qui sera ici l'ombre projetée à midi par le style sur le plan vertical), on mène une parallèle à AC, elle figurera le style placé sur le plan vertical, de manière à former avec la méridienne verticale AI un angle (appelée hauteur zénitale du lieu), qui est le complément de celui de la hauteur du pôle. Si donc on veut construire le cadran sur le plan vertical (supposé perpendiculaire à la méridienne horizontale), on formera la méridienne verticale au moyen de la perpendiculaire élevée dans le plan vertical, au point où la méridienne horizontale le rencontre, et en plaçant le style dans la direction de cette méridienne, sous l'angle de la hauteur zénitale du lieu, on aura à l'ouest de la méridienne les heures du matin, et à l'est celles de l'après-midi.

Lorsque le plan vertical, au lieu d'être perpendiculaire à la méridienne horizontale, occupe une position différente, il faut faire, pour chaque position relative à un point cardinal, une construction différente, dont on trouvera la solution dans les traités de gnomonique.

Construction de la mappemonde.

76. Avant d'aborder cette question, nous croyons devoir donner quelques notions préliminaires.

Soit un cône oblique (fig. 157), à base circulaire (voy. la défin. 18, rem. 1). La ligne SO sera l'axe du cône, le plan, mené par l'axe perpendiculairement à la base du cône, déterminera ce qu'on appelle la *section principale*. Les deux génératrices SA, SB, déterminées par l'intersection de la surface conique avec ce plan, seront les *génératrices de la section principale*.

Section antiparallèle du cône oblique. Si nous coupons le cône par des plans parallèles à la base, nous obtiendrons des cercles. Nous disons en outre qu'il existe un autre système de plans parallèles entre eux, qui, par leur intersection avec le cône, détermineront aussi des cercles, et ces nouveaux cercles formeront des sections antiparallèles. Soit ab, une ligne menée dans la section principale parallèlement à AB, la section passant par ab perpendiculairement au plan principal, sera un cercle. Si alors nous menons ef dans le plan principal de manière qu'on ait l'angle $feS = Sba$, et que, suivant la ligne ef, nous conduisons un plan perpendiculaire au plan principal, il déterminera la section emf; nous disons que cette section est un cercle. En effet, la ligne mn étant l'intersection des deux plans anb et emf, perpendiculaires à la section principale, est elle-même perpendiculaire à cette section et par suite aux lignes ab et ef. Or la courbe mba est un cercle, donc on a $\overline{mp}^2 = bp \times pa$. Cela posé, les deux triangles pbf et ape sont semblables, car les deux angles epa, bpf sont égaux comme opposés au sommet, et l'angle pbf est égal à l'angle pea, comme supplément des angles Sba et feS, qui sont égaux par construction. On a donc la proportion $bp : ep :: pf : pa$, d'où $bp \times pa = ep \times pf$; donc, en vertu de l'égalité précédente, on a $\overline{mp}^2 = ep \times pf$, donc la courbe emf est un cercle dont ef est le diamètre.[1]

On voit d'après cela que toutes les sections faites parallèlement au plan de la section emf sont des cercles.

77. Soit O le centre d'une sphère, concevons un cercle quelconque AB tracé sur la surface, et soit S un point pris à volonté sur cette même surface (fig. 158). Si nous considérons le cône qui a son sommet en S et qui a pour base un cercle décrit sur la sphère, la section faite dans ce cône par un plan perpendiculaire à SO sera un cercle.

Menons, par le centre O, un plan sécant qui détermine le plan d'un grand cercle perpendiculaire à SO. Soit mené OI perpendiculairement à la base du cône, SI sera son axe, et le plan mené par SO et SI sera le plan de la section principale. Ce plan coupera le cône, suivant SA, SB, qui seront les génératrices de la section principale, et amb sera la courbe résultant de l'intersection du

---

1. Soit la courbe emf (fig. 159). De l'égalité $\overline{mp}^2 = ep \times pf$ résulte $ep : mp :: mp : pf$, donc les deux triangles emp et mpf sont semblables comme ayant un angle égal compris entre côté proportionnel. Par suite l'angle $pmf = e$ et l'angle $emp = f$. Mais dans le triangle emf la somme des trois angles est égal à deux angles droits : par suite $2\,pmf + 2\,emp = 2$ droits, et par conséquent $pmf + emp = emf$, qui est un angle droit. D'où il résulte que le lieu m est un cercle dont ef est le diamètre.

cône avec le grand cercle mené perpendiculairement à SO. Soit d'ailleurs EF le diamètre du grand cercle conduit suivant la section principale. Le plan amb est perpendiculaire à SO et par conséquent perpendiculaire à la section principale du cône.

Si maintenant nous prouvons que l'angle abS est égal à SAB, il sera prouvé que la section amb sera une section antiparallèle, et par conséquent un cercle. En effet, l'angle SAB a pour mesure un $\frac{1}{2}$ quadrant $+ \frac{BF}{2}$, et l'angle abS a aussi pour mesure un $\frac{1}{2}$ quadrant $+ \frac{BF}{2}$, donc ces deux angles sont égaux.

78. *Construction de la mappemonde.* Nous admettrons que l'on sait reporter sur un globe terrestre où l'on a tracé l'équateur, un premier méridien et les deux pôles, la position d'un point dont on connaît la longitude et la latitude, et comment on peut par conséquent déterminer sur ce globe la position de différents points remarquables, les limites qui séparent les différents pays, et les mers des continents.

L'usage de ces globes étant incommode, on y a substitué des dessins tracés sur une surface plane, c'est ce qui constitue les cartes géographiques.

Voici les conventions au moyen desquelles on effectue ces dessins.

Soit P un plan (fig. 160), soit O un point fixe d'un côté du plan, et différents points A, B, C.... situés de l'autre côté du plan P, et soient menées les lignes OA, OB, OC... nous les appellerons rayons vecteurs. Ces rayons vecteurs couperont le plan P en des points a, b, c.... que l'on appelle projections perspectives des points A, B, C.... relativement au point O que nous nommerons le *centre de perspective* ou le *point de vue*. Si alors les points A, B, C..... sont les points d'une certaine figure, les points a, b, c..... détermineront la projection perspective de cette figure.

Appliquons cela à la construction de la mappemonde, après avoir mené le méridien qui passe par l'île de Fer.[1]

Imaginons que l'on fasse tourner le système de manière à ce que les bases de ces deux hémisphères viennent se placer sur un même plan, suivant deux cercles tangents dont le point de contact est sur l'équateur. Soit donné un des cercles (fig. 161), nous prendrons pour plan de projection perspective la base de l'hémisphère, et pour centre de projection perspective, l'extrémité du diamètre perpendiculaire au plan de la base et opposé à l'hémisphère que l'on considère. D'après cela, la projection perspective de l'équateur sera le diamètre

---

1. On choisit ce méridien, parce que les deux hémisphères ainsi déterminés contiennent l'un l'ancien continent, l'autre le nouveau.

A B de la base de l'hémisphère. Ayant marqué les deux pôles *P* et *P'*, divisons chacun des quadrants en 90° et proposons-nous de trouver la projection perspective du parallèle qui passe par exemple par le 30.ᵉ degré de latitude nord.

Soit *C* le point qui correspond à la division 30 ; *C'* le point équidistant de l'autre côté. Le parallèle en question sera un cercle passant par les points *C* et *C'*. Imaginons un cône qui a pour sommet le centre des projections perspectives et pour base ce parallèle. Le plan des projections perspectives ou la base de l'hémisphère, coupera ce cône suivant la projection perspective du parallèle en question. Or ce plan est perpendiculaire au diamètre qui passe par le centre des projections perspectives; donc la projection perspective de ce parallèle est un cercle dont nous avons deux points *C* et *C'* ; si nous trouvons un troisième point de ce cercle, on pourra décrire ce dernier.

Imaginons que l'on ait mené un méridien perpendiculaire à la base de l'hémisphère, et traçons le rayon vecteur qui passe par la division 30 de ce méridien. Ce rayon vecteur coupera la ligne *PP'* en un point, qui sera le point cherché. Pour trouver ce point, imaginons qu'on fasse tourner ce méridien autour de *P P'*, pour le ramener sur le plan de projection; le point 30 de division viendra tomber en *C*, et le centre de perspective viendra en *B*. Joignons donc le point *B* avec *C*, nous obtiendrons de cette manière le point *E*.

Le système étant ramené dans sa position primitive, le point *E* ne changera pas, comme étant sur la charnière; donc le point *E* est le troisième point cherché.

Faisons passer un cercle par les points *C E* et *C'*, nous aurons la projection perspective du parallèle.

Il reste à expliquer comment on trouve la projection perspective d'un méridien.

Prenons pour premier méridien *P B P'* et soit proposé de trouver la projection perspective d'un méridien distant de 60° du premier méridien. Si nous imaginons encore le cône ayant pour sommet le centre perspectif et pour base ce méridien, l'intersection de ce cône avec la base de l'hémisphère sera la projection perspective de ce méridien. Or cette projection perspective sera un cercle. Nous avons deux points du cercle, *P* et *P'*; reste à en trouver le troisième. Menons le rayon vecteur qui passe par la division 60° de l'équateur, ce rayon coupera *A B* en un point qui sera le point cherché. Pour le trouver, imaginons qu'on fasse tourner l'équateur autour de *A B* comme diamètre, pour le ramener sur le plan de projection. Le point marqué 60° sur l'équateur, viendra se placer en *G*, et le centre de perspective viendra se placer en *P'*. Joignons *P' G*, qui vient couper *A B* au point *I*, ce sera le troisième point demandé. Faisons passer un cercle par les points *P, I* et *P'*, nous aurons la projection du méridien en question. Le point *M*, qui est à l'intersection du parallèle et du méridien, sera, sur la mappemonde, le point qui représentera un lieu par le 30° de latitude et le 60° de longitude.

On conçoit donc comment on peut, sur la mappemonde, reporter un point dont la longitude et la latitude sont données.

Pour le second hémisphère, on procédera de la même manière : on prendra pour centre de projection perspective l'extrémité du diamètre perpendiculaire à la base et opposé à cette hémisphère.

PROGRAMME

des connaissances exigées en géométrie descriptive pour l'admission à l'École spéciale militaire en 1848.

Les candidats seront tenus de présenter et d'expliquer les épures suivantes :

1.º Le rabattement sur un des plans de projection d'une droite située dans un plan donné, ce plan étant perpendiculaire aux deux plans de projection, perpendiculaire à l'un d'eux, oblique à l'un et à l'autre.

2.º L'intersection de trois plans, en y joignant les différentes vérifications que comporte la solution.

3.º La distance d'un point à une droite.

4.º L'angle de deux plans.

5.º Par une droite tracée dans un plan, faire passer un plan qui fasse avec le premier un angle donné.

6.º Par trois points donnés de l'espace, faire passer une circonférence et déterminer la grandeur du rayon.

7.º La plus courte distance de deux droites non situées dans le même plan.

8.º La réduction d'un angle à l'horizon.

La planche n.º 37 servira de modèle aux candidats tant sous le rapport du format du papier, que pour la grandeur et la disposition des épures.

ERRATA.

—

Page 32, ligne 2, au lieu de $\alpha\, d'\, m'$, lisez $\alpha\, c'\, m'$.
 — 37, ligne 17,   — f, lisez m'.
 — 43, ligne 11,   —   abaissons, lisez *élevons*.

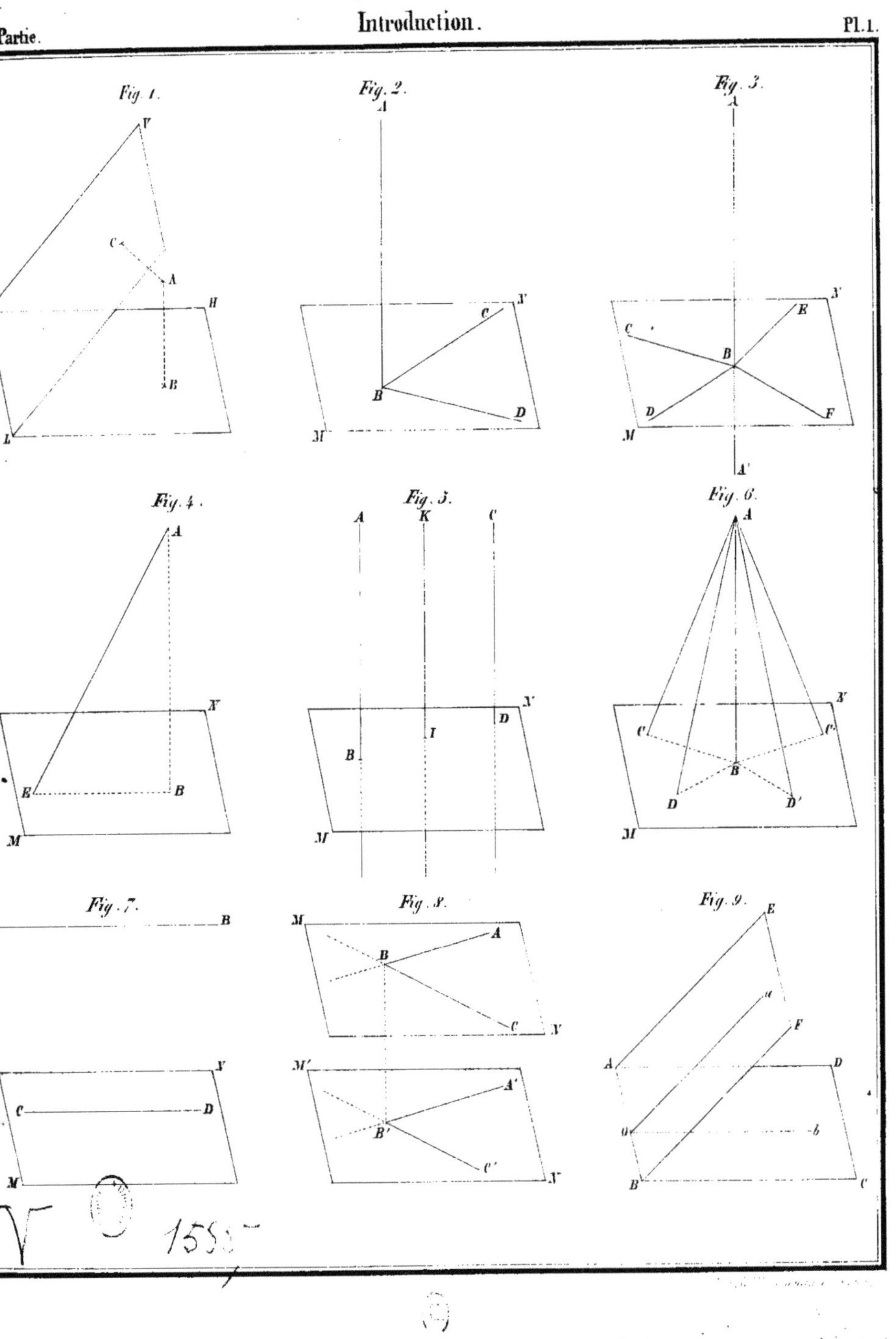
Fig. 1.
Fig. 2.
Fig. 3.
Fig. 4.
Fig. 5.
Fig. 6.
Fig. 7.
Fig. 8.
Fig. 9.

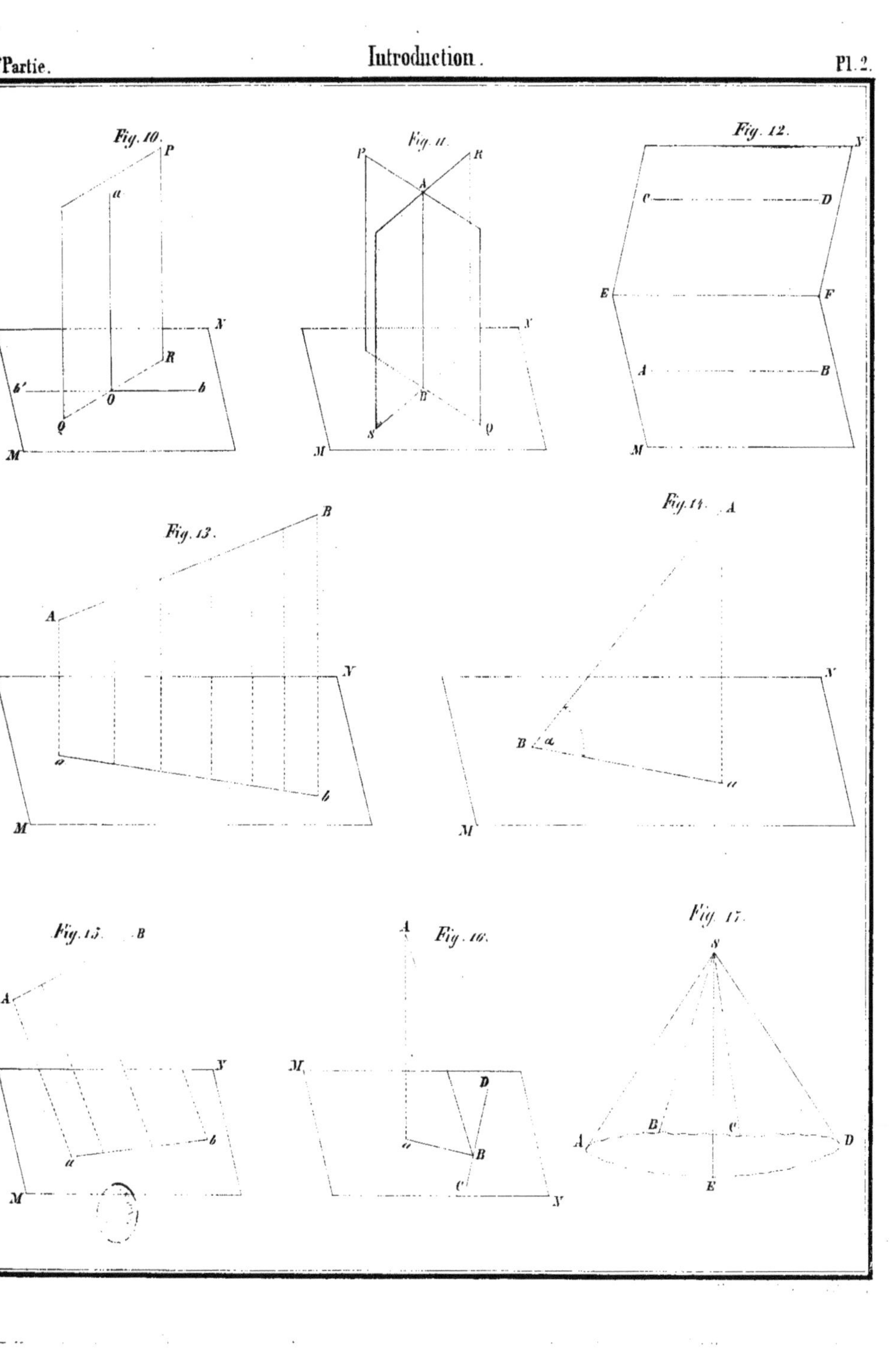

Fig. 10.
Fig. 11.
Fig. 12.
Fig. 13.
Fig. 14.
Fig. 15.
Fig. 16.
Fig. 17.

Fig. 18.   Fig. 19.   Fig. 20.

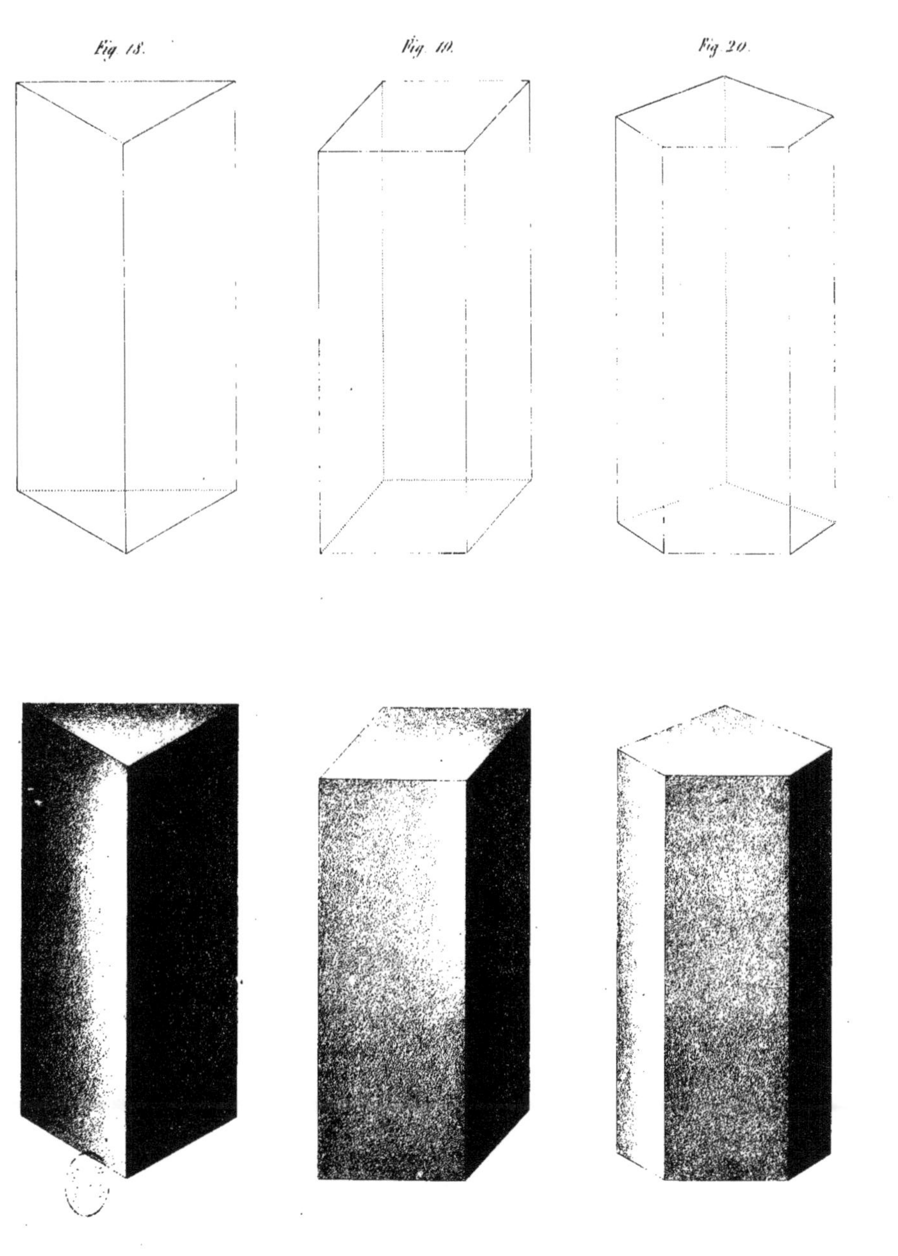

Fig. 18.   Fig. 19.   Fig. 20.

Fig. 21.

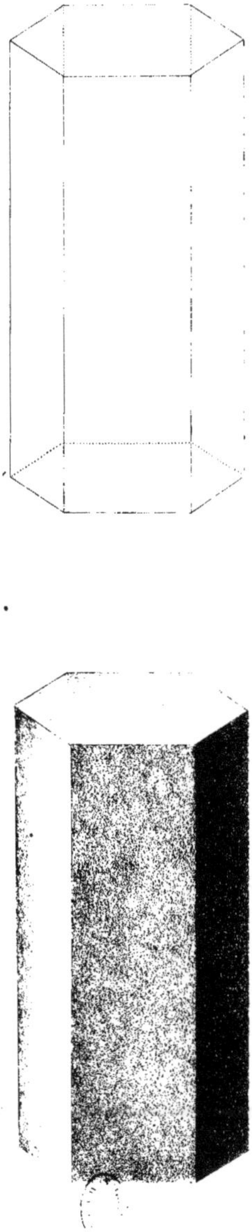

Fig. 22.

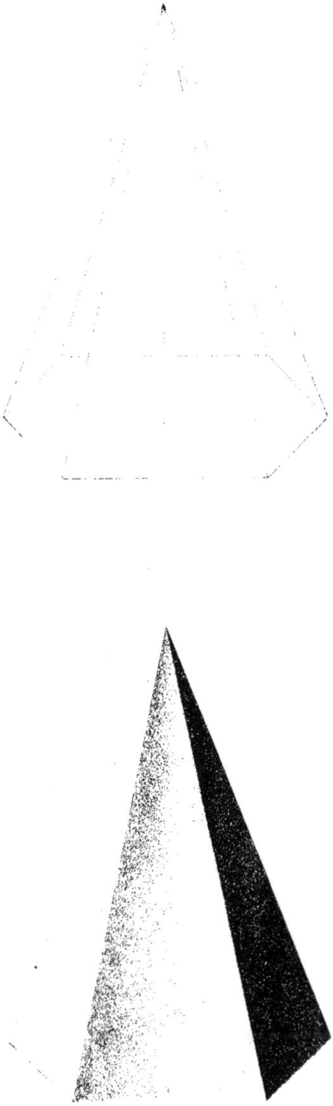

Fig. 23.

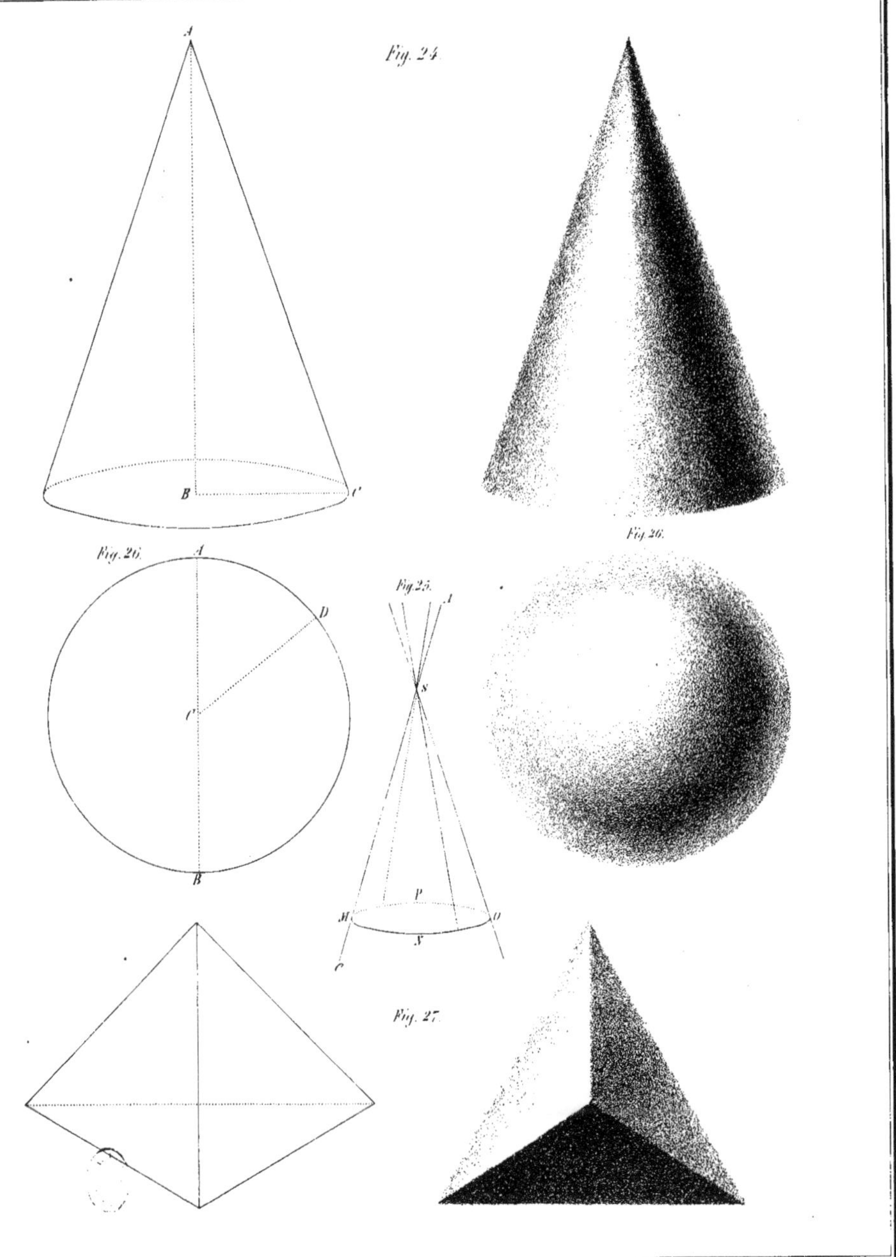
Fig. 24.
Fig. 26.
Fig. 26.
Fig. 25.
Fig. 27.

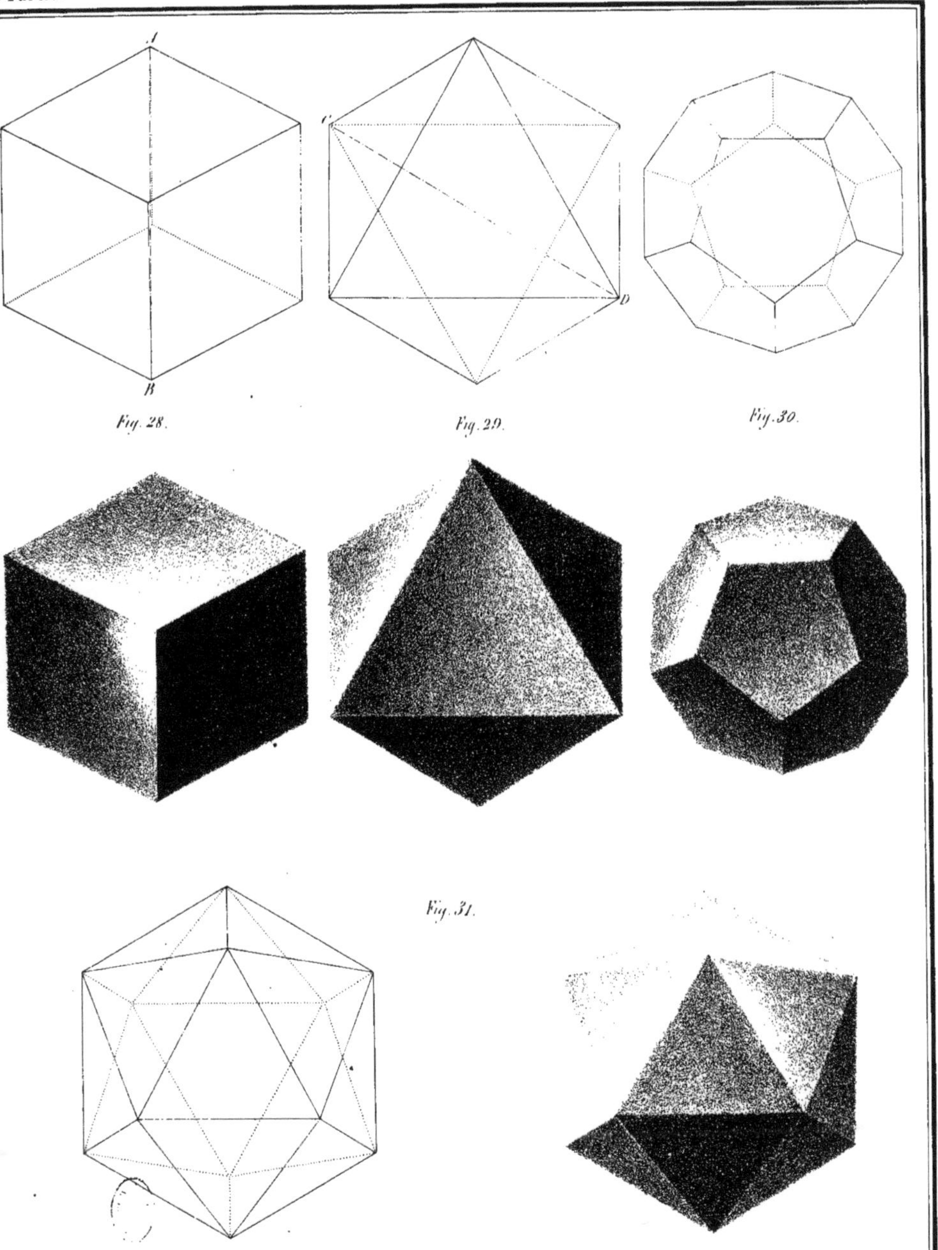

Fig. 28.   Fig. 29.   Fig. 30.

Fig. 31.

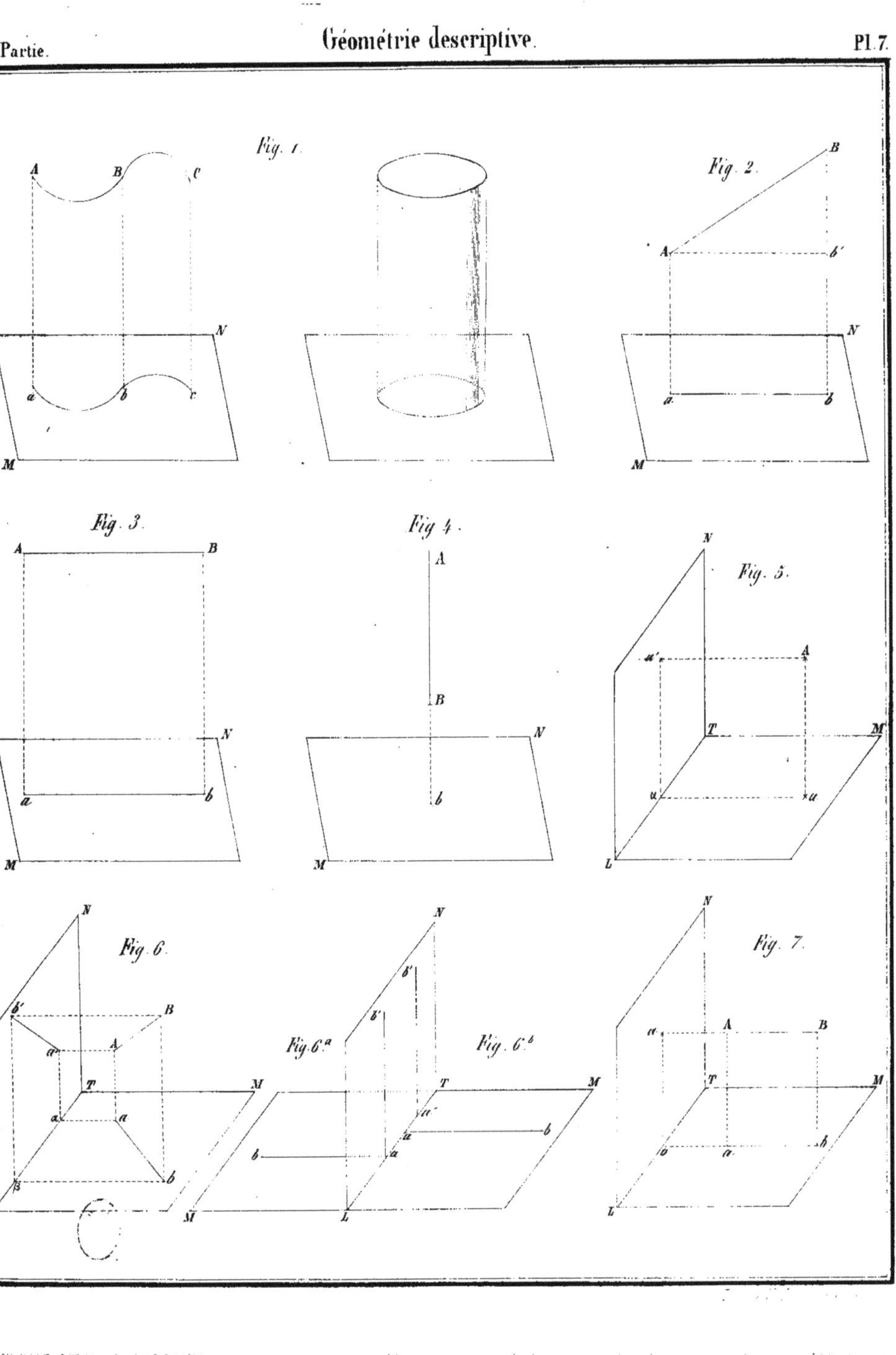
Fig. 1.
Fig. 2.
Fig. 3.
Fig. 4.
Fig. 5.
Fig. 6.
Fig. 6.a
Fig. 6.b
Fig. 7.

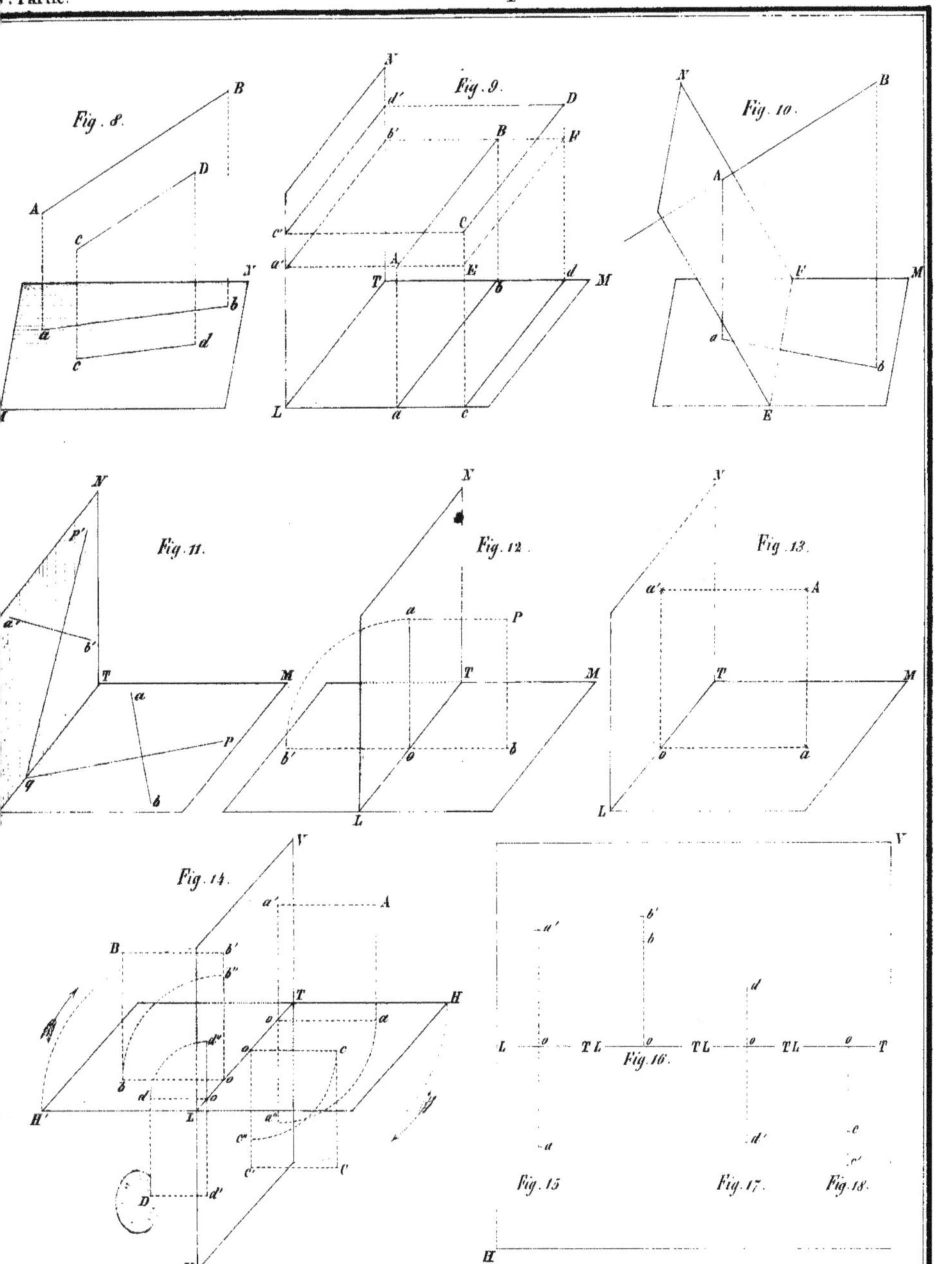
Fig. 8.
Fig. 9.
Fig. 10.
Fig. 11.
Fig. 12.
Fig. 13.
Fig. 14.
Fig. 15
Fig. 16.
Fig. 17.
Fig. 18.

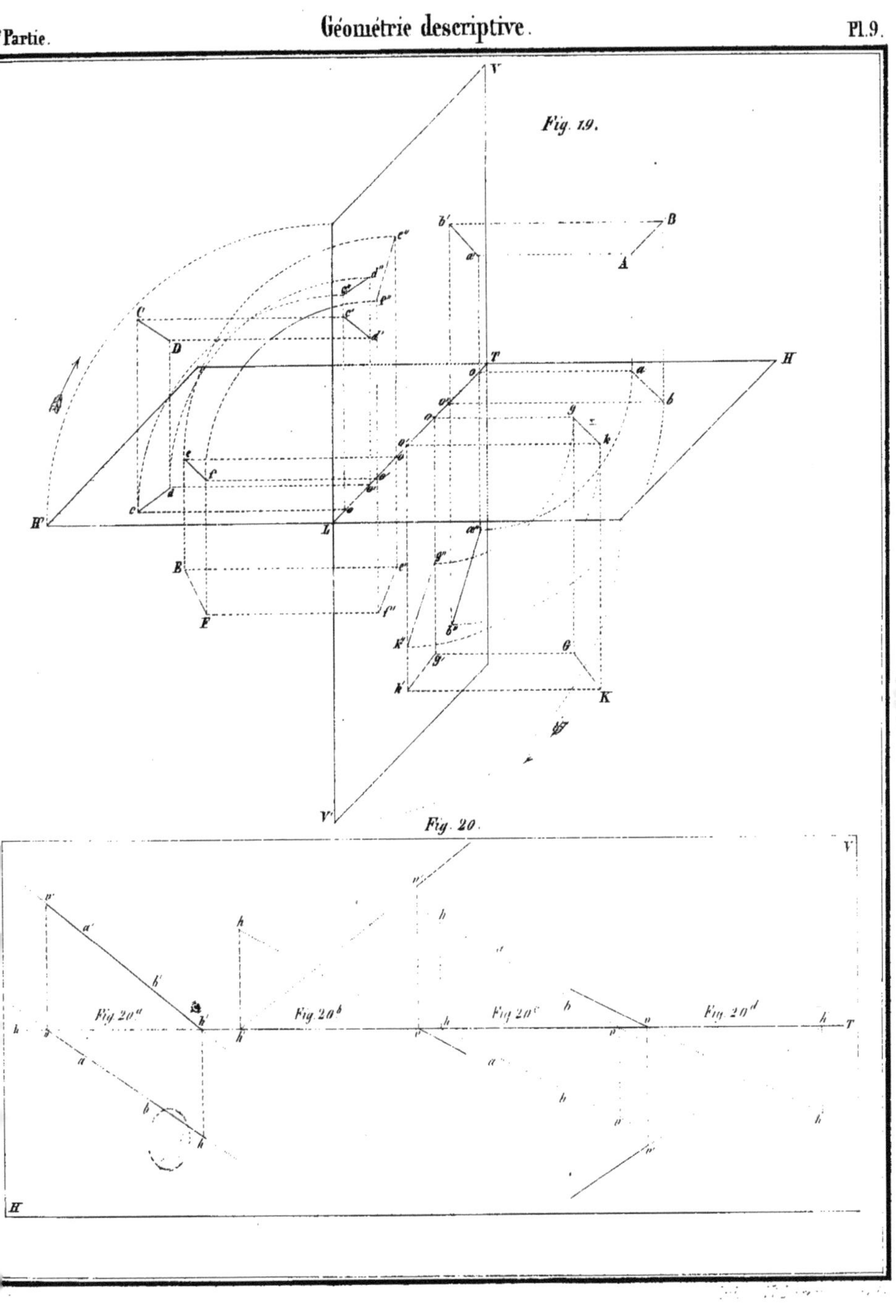

Fig. 19.
Fig. 20.
Fig. 20ᵃ
Fig. 20ᵇ
Fig. 20ᶜ
Fig. 20ᵈ

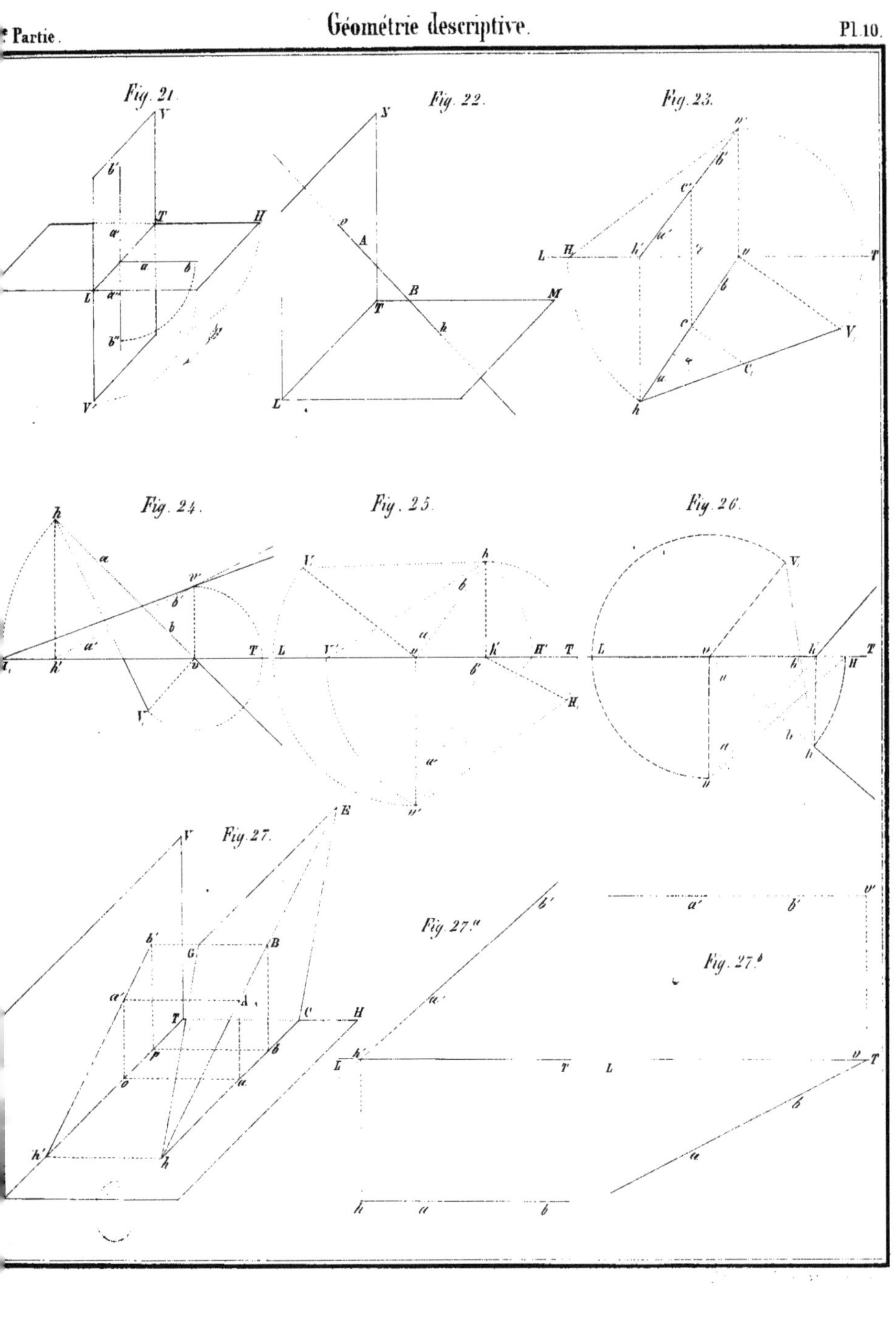

Fig. 21.
Fig. 22.
Fig. 23.
Fig. 24.
Fig. 25.
Fig. 26.
Fig. 27.
Fig. 27.ᵃ
Fig. 27.ᵇ

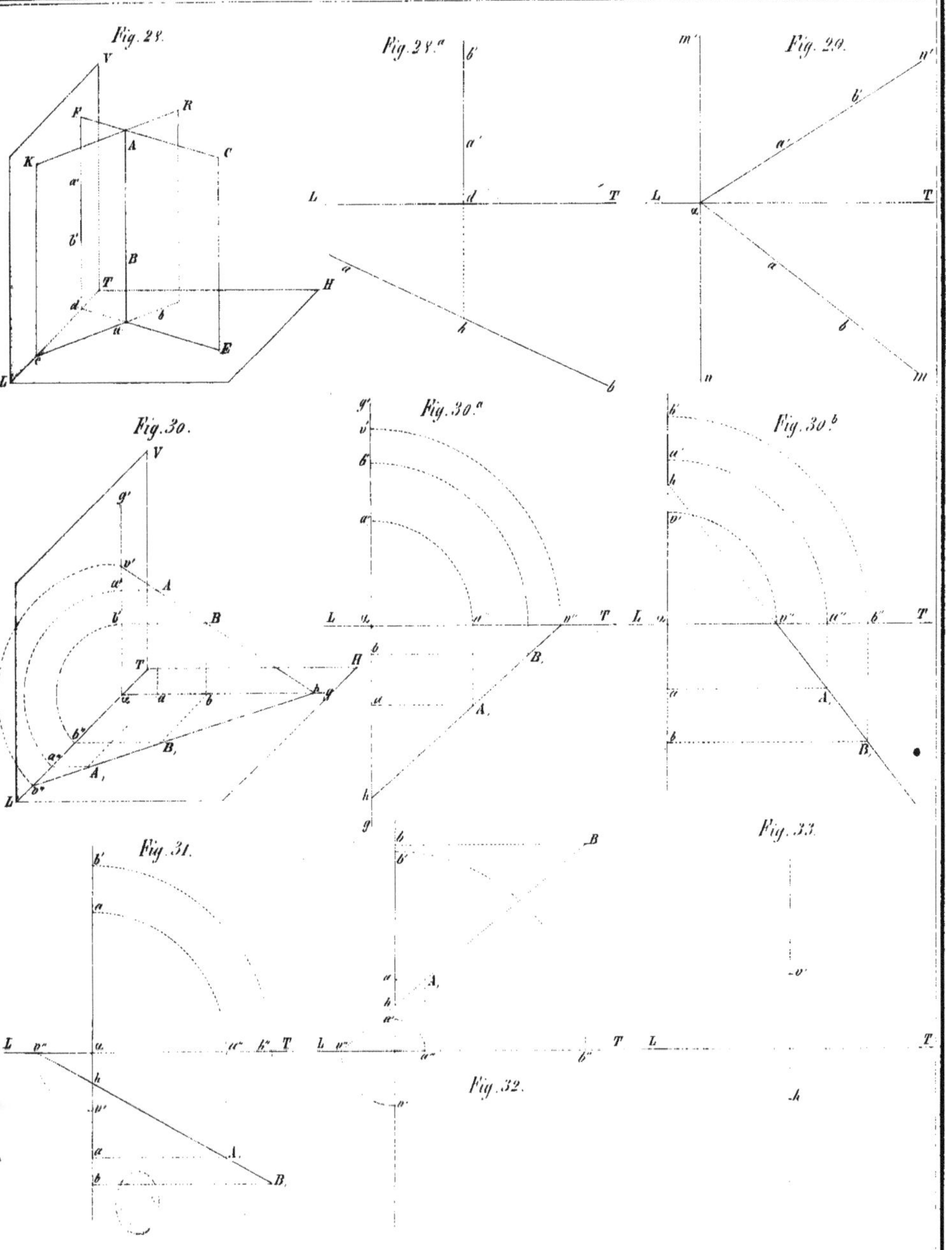

Fig. 28.
Fig. 28.ᵃ
Fig. 29.
Fig. 30.
Fig. 30.ᵃ
Fig. 30.ᵇ
Fig. 31.
Fig. 32.
Fig. 33.

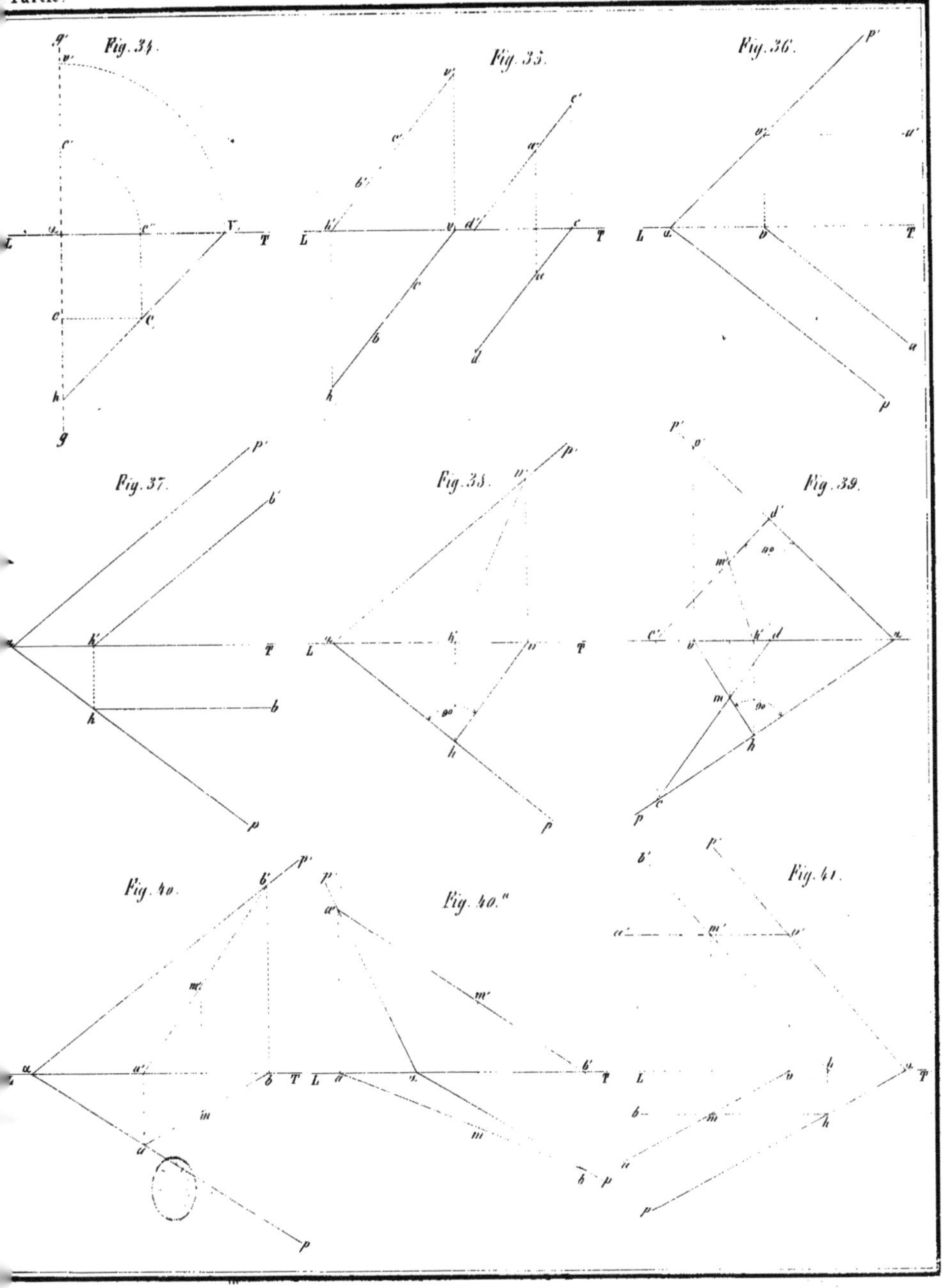

Fig. 34.

Fig. 35.

Fig. 36.

Fig. 37.

Fig. 38.

Fig. 39.

Fig. 40.

Fig. 40.ᵃ

Fig. 41.

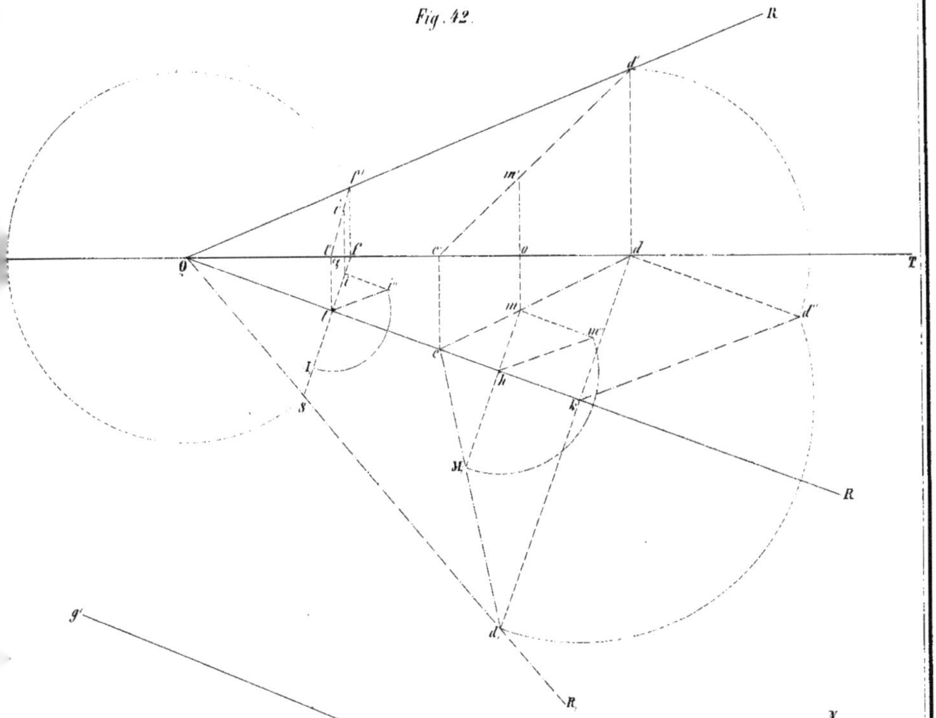

Fig. 42.

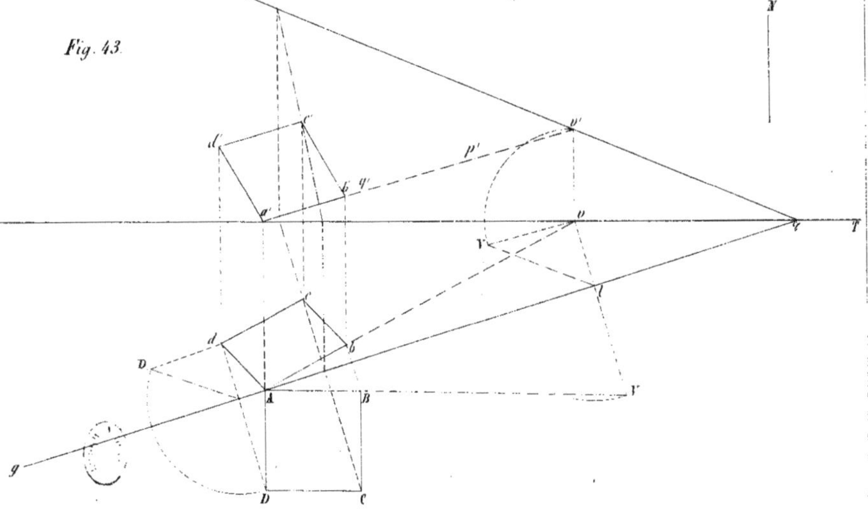

Fig. 43.

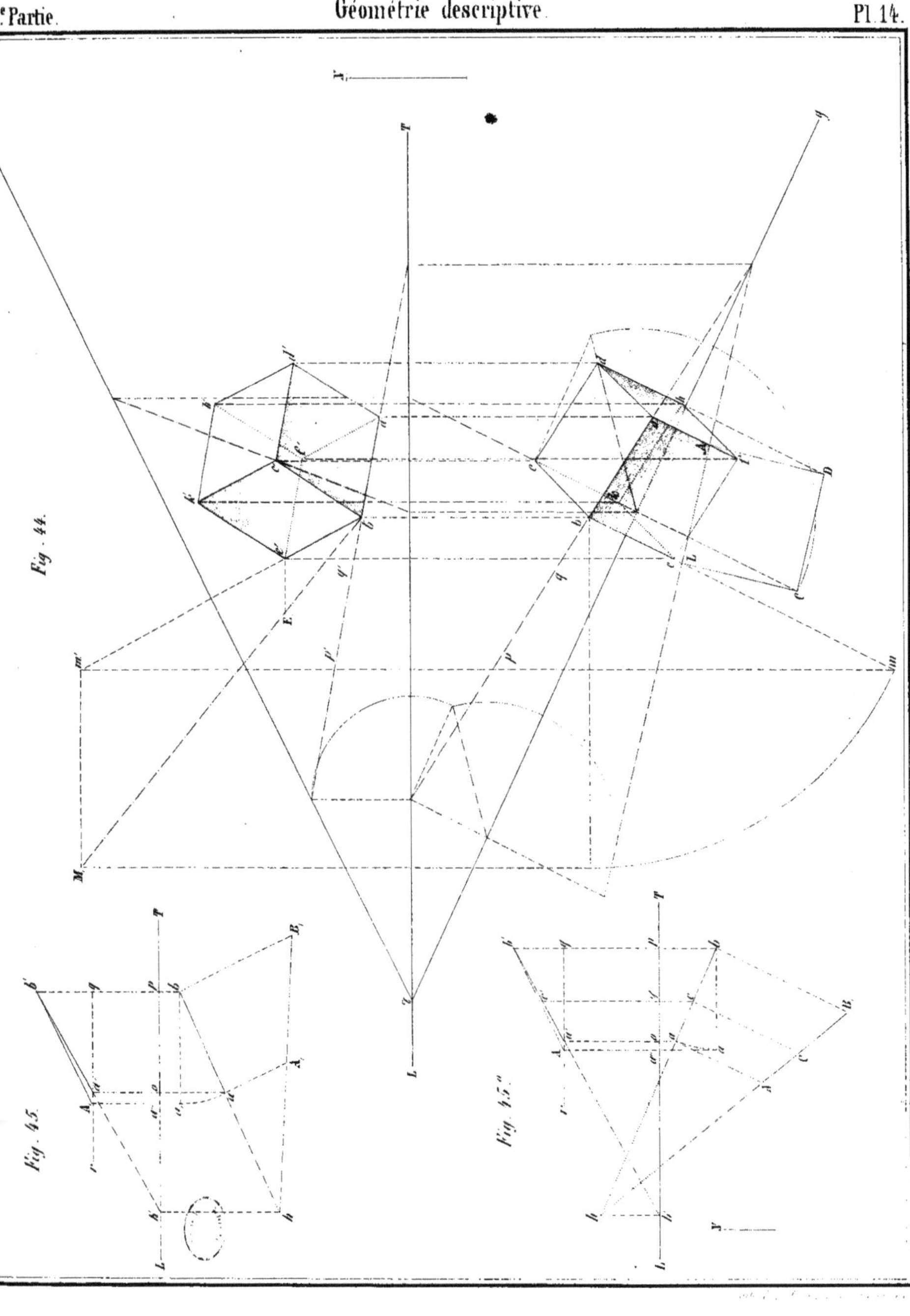

Fig. 44.
Fig. 45.
Fig. 45.″

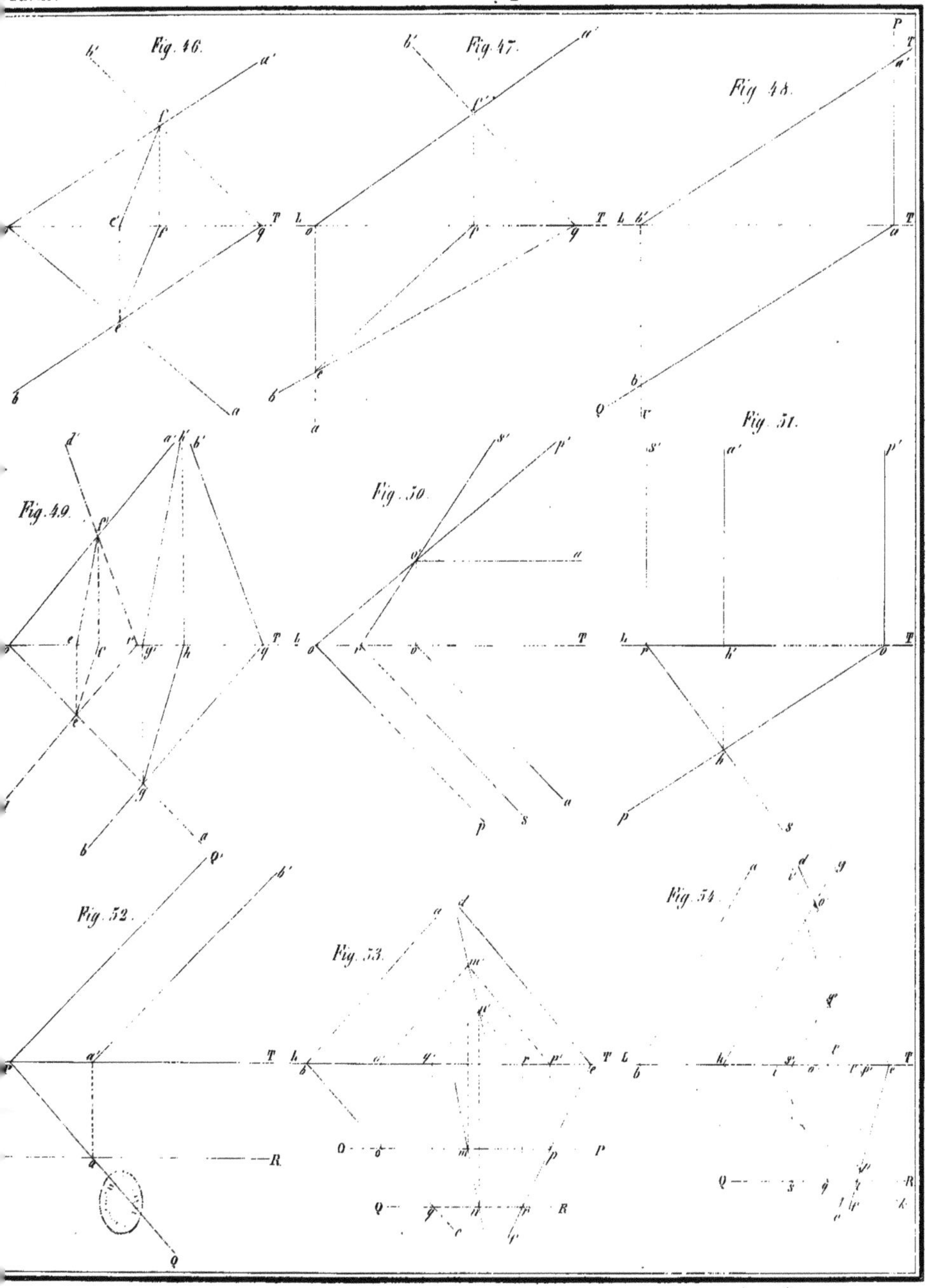

Fig. 46. Fig. 47. Fig. 48.

Fig. 49. Fig. 50. Fig. 51.

Fig. 52. Fig. 53. Fig. 54.

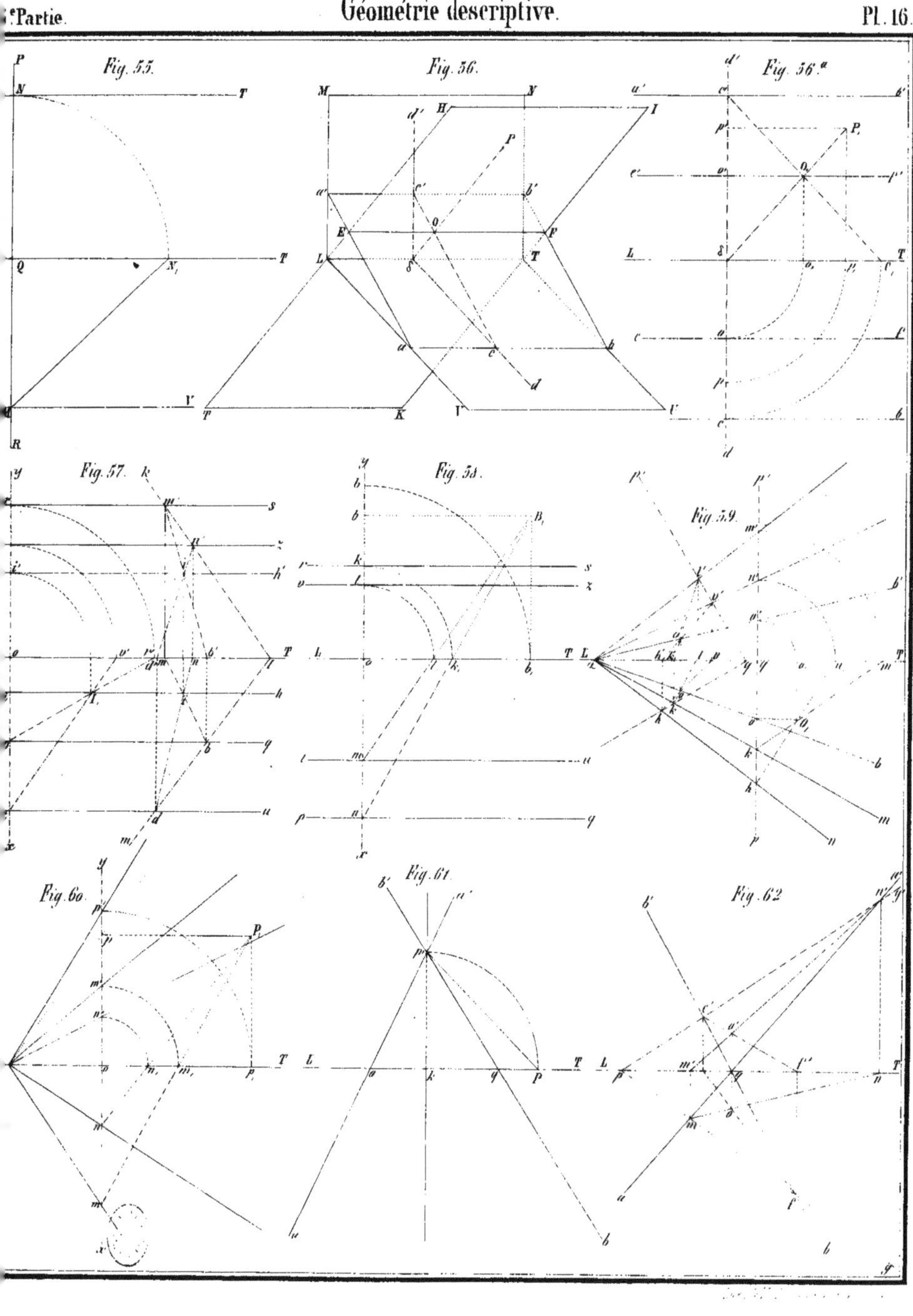
Fig. 55.
Fig. 56.
Fig. 56.ª
Fig. 57.
Fig. 58.
Fig. 59.
Fig. 60.
Fig. 61.
Fig. 62.

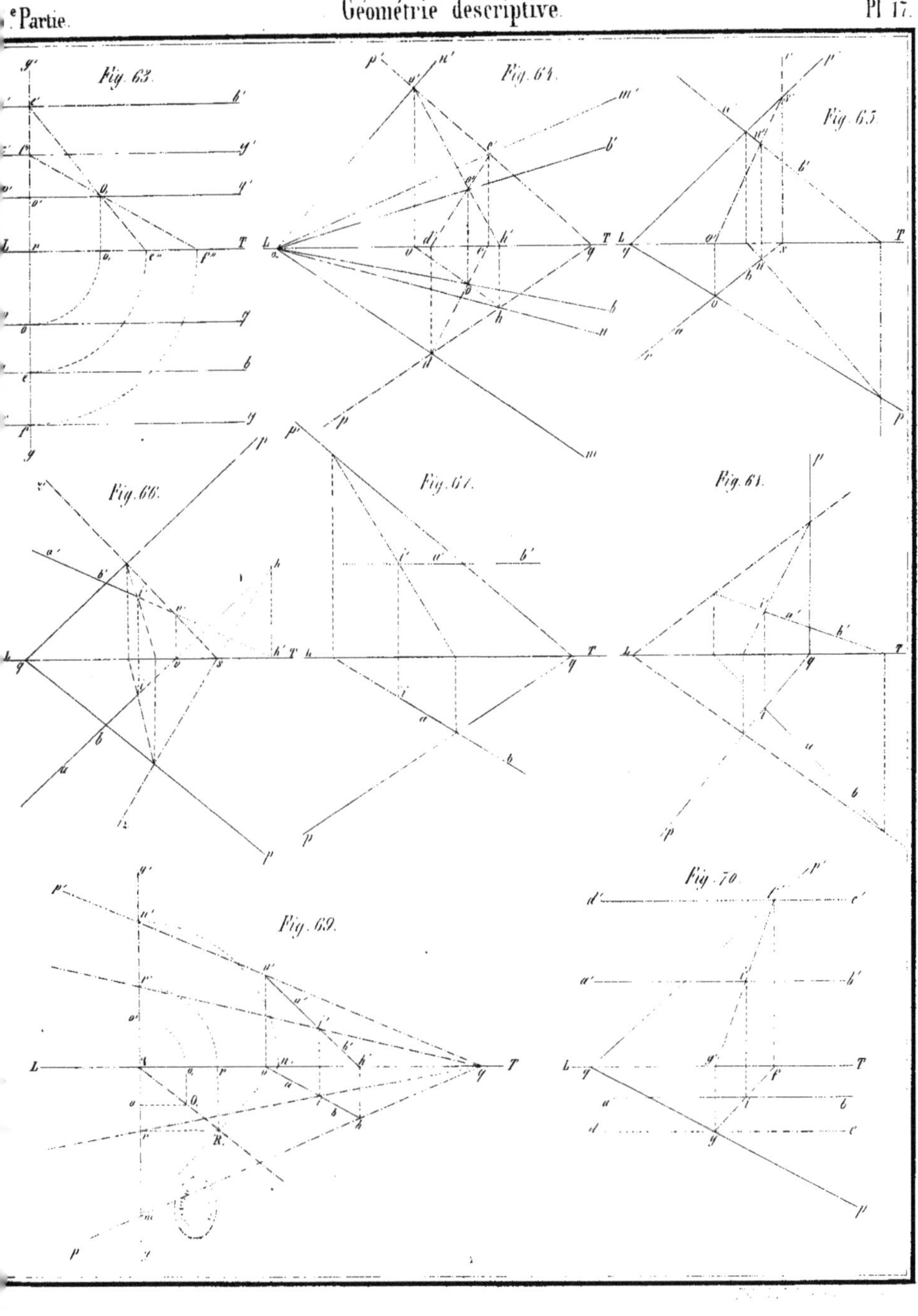
Fig. 63.
Fig. 64.
Fig. 65.
Fig. 66.
Fig. 67.
Fig. 68.
Fig. 69.
Fig. 70.

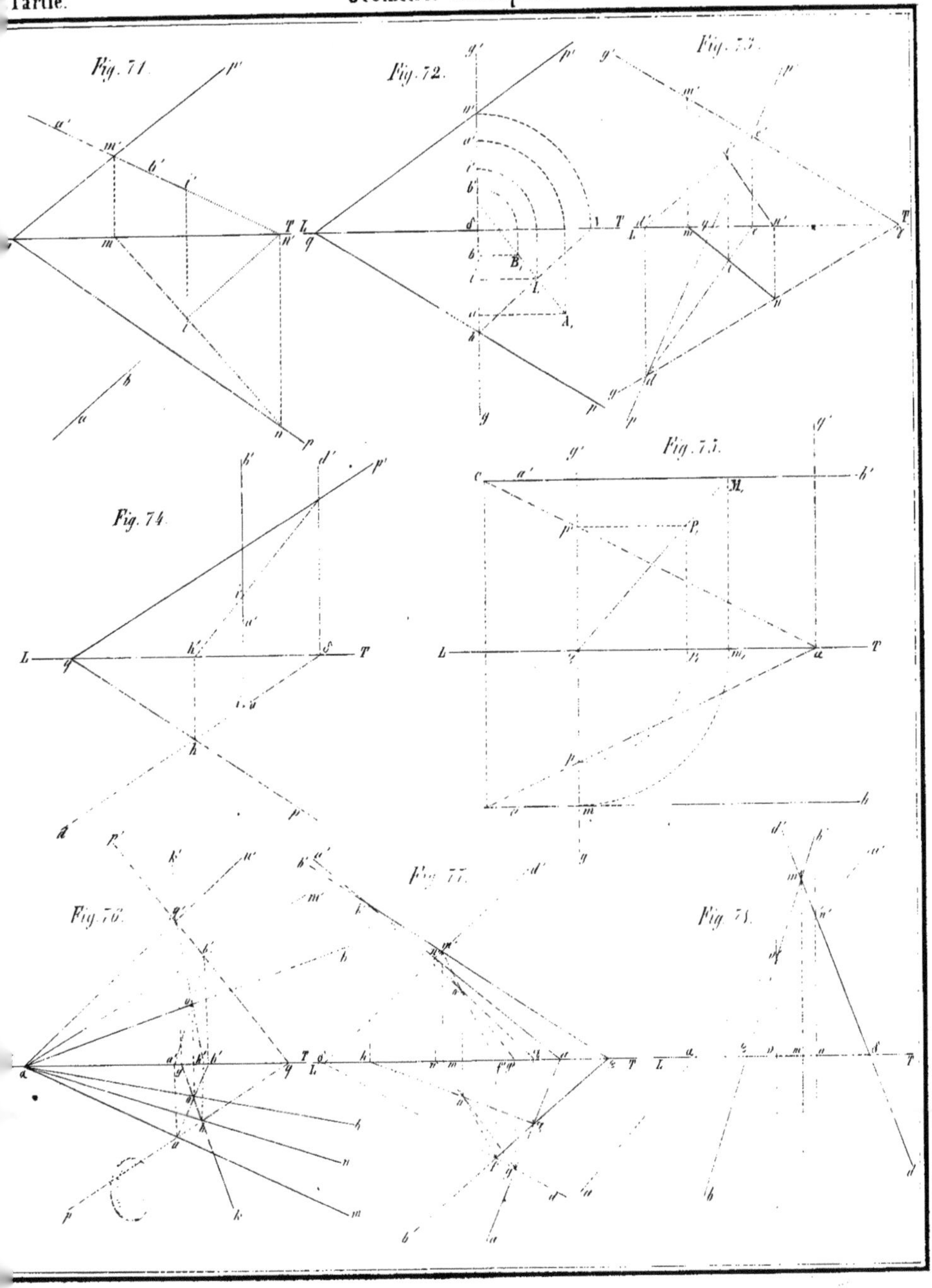

Fig. 71.

Fig. 72.

Fig. 73.

Fig. 74.

Fig. 75.

Fig. 76.

Fig. 77.

Fig. 78.

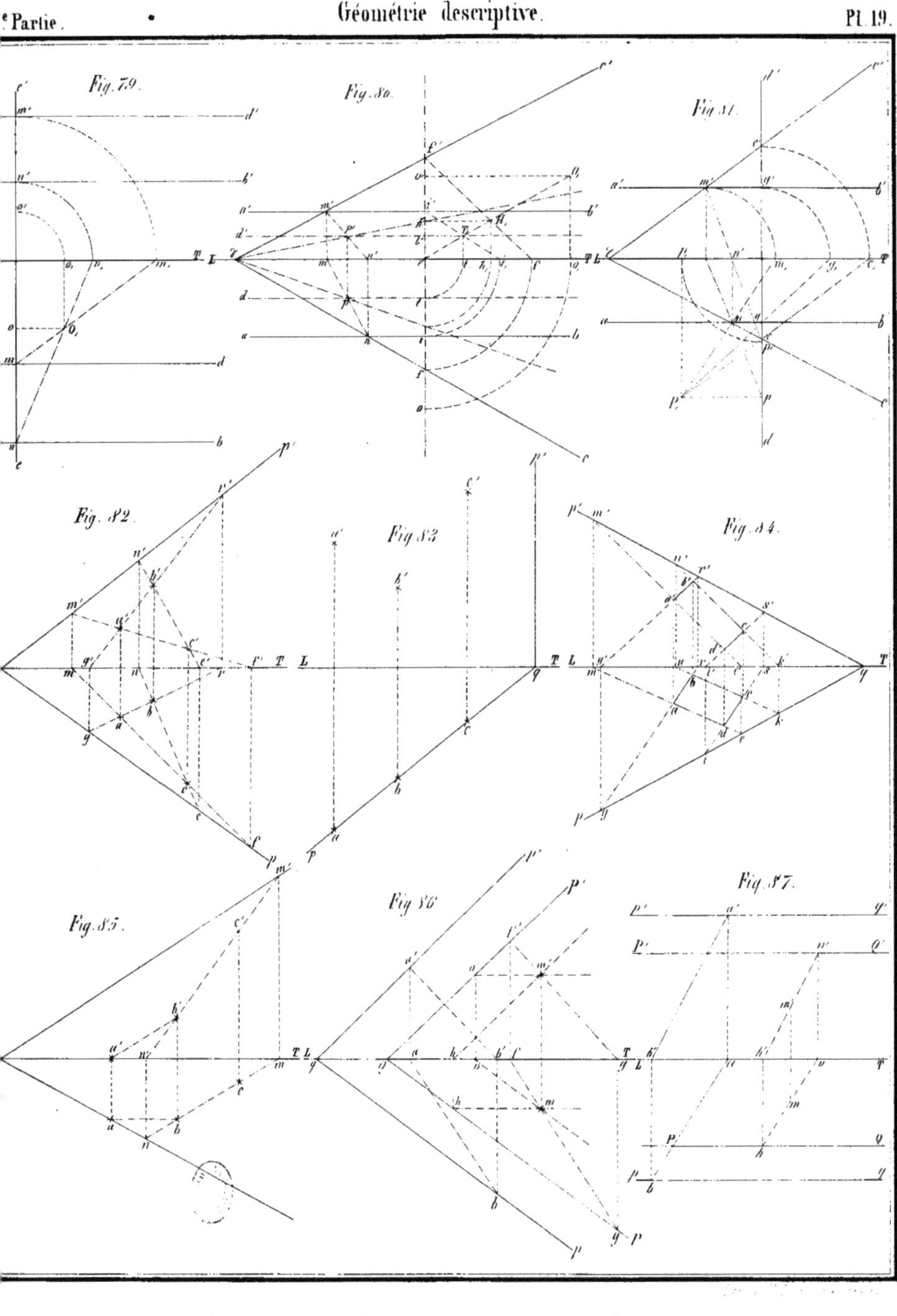
Fig. 79.
Fig. 80.
Fig. 81.
Fig. 82.
Fig. 83.
Fig. 84.
Fig. 85.
Fig. 86.
Fig. 87.

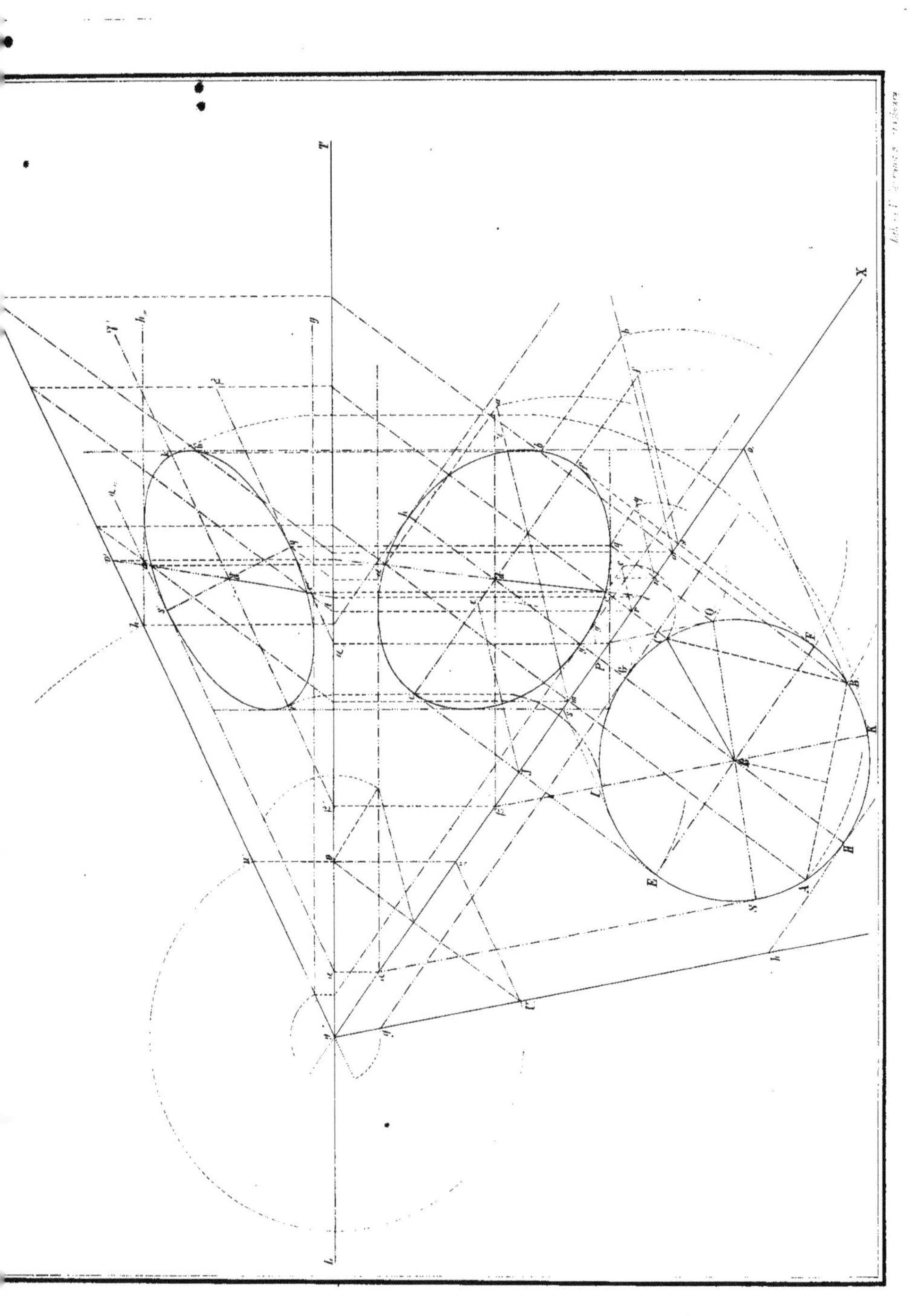

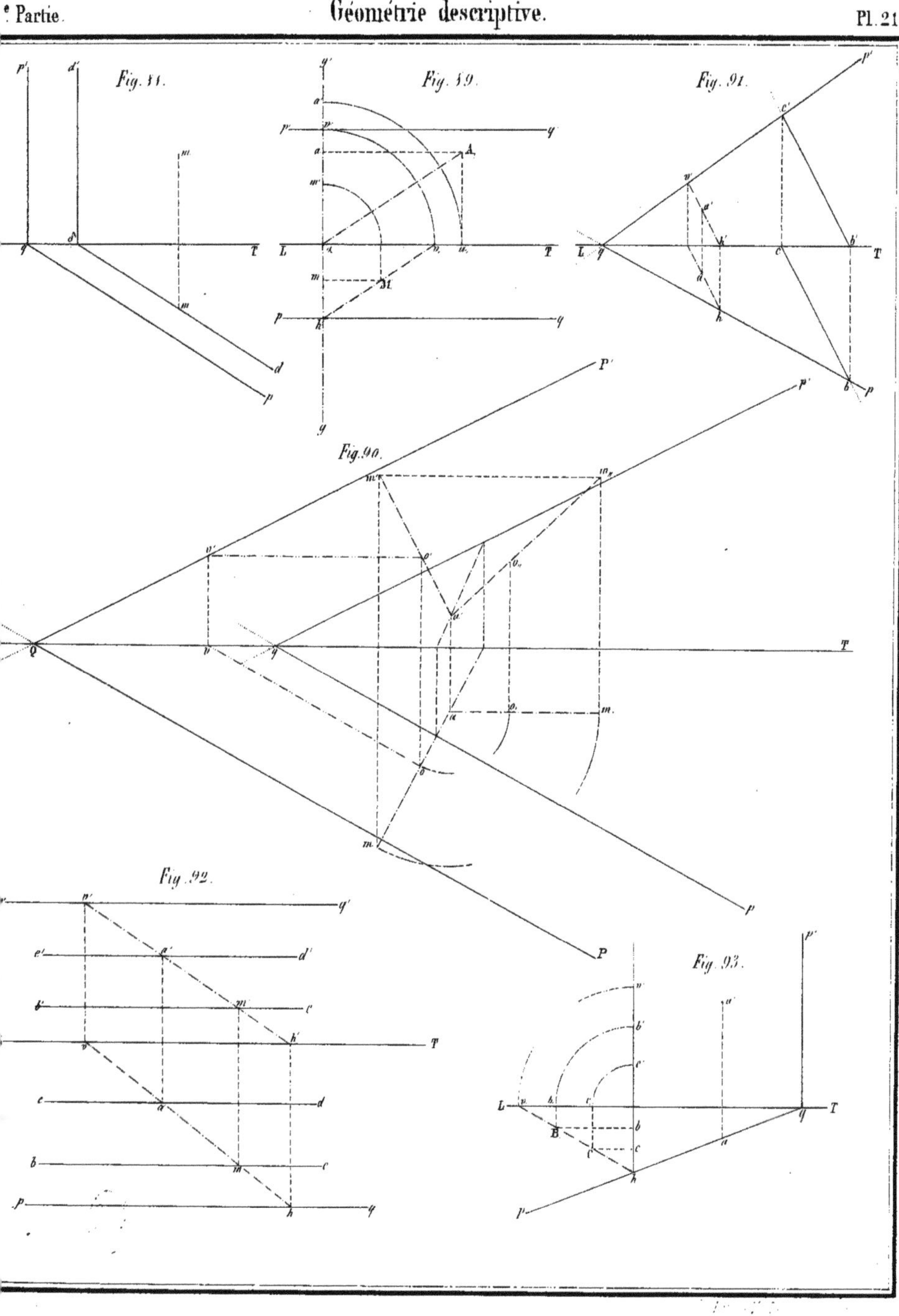

Fig. 88.
Fig. 89.
Fig. 91.
Fig. 90.
Fig. 92.
Fig. 93.

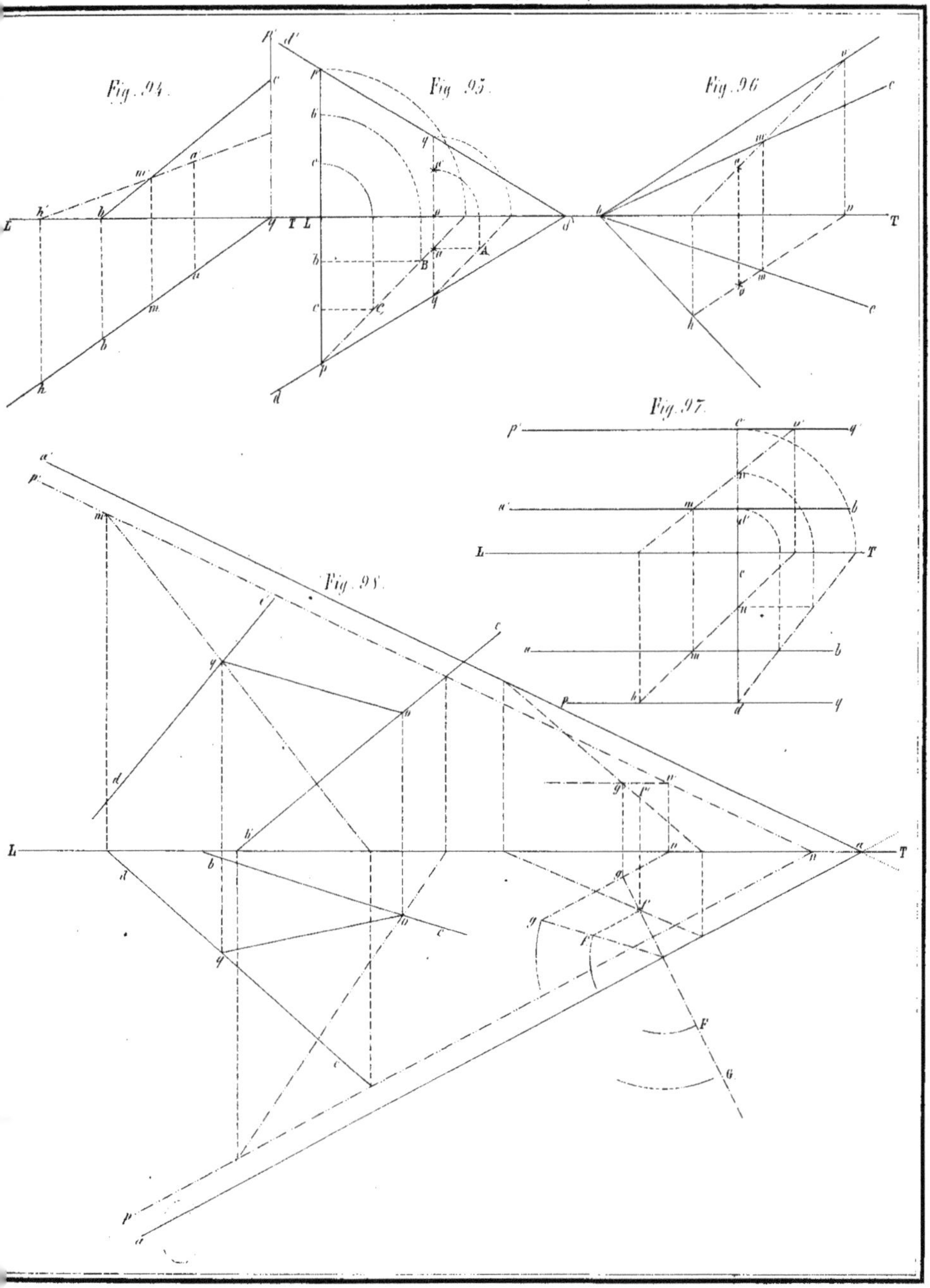

Fig. 94.

Fig. 95.

Fig. 96.

Fig. 97.

Fig. 98.

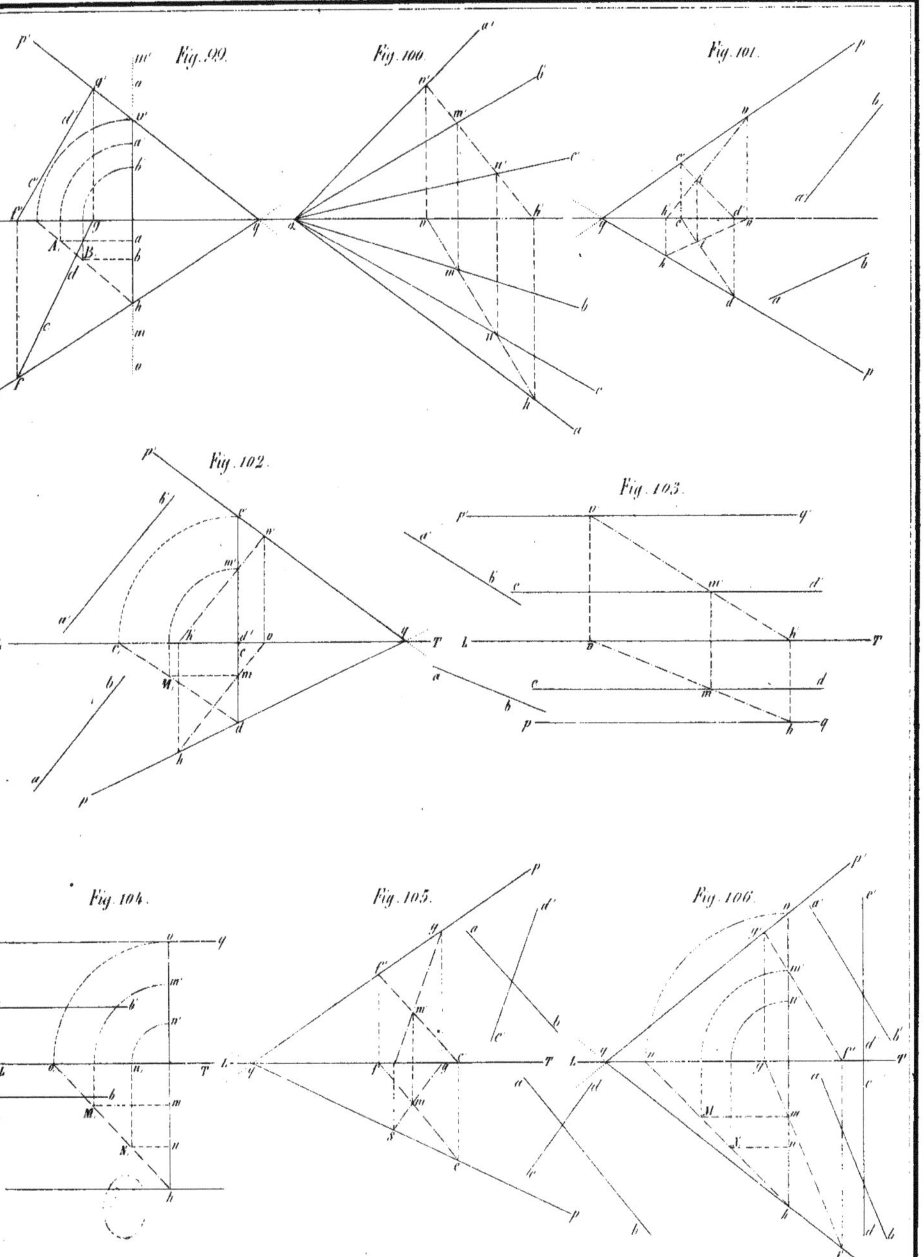

Fig. 99.
Fig. 100.
Fig. 101.
Fig. 102.
Fig. 103.
Fig. 104.
Fig. 105.
Fig. 106.

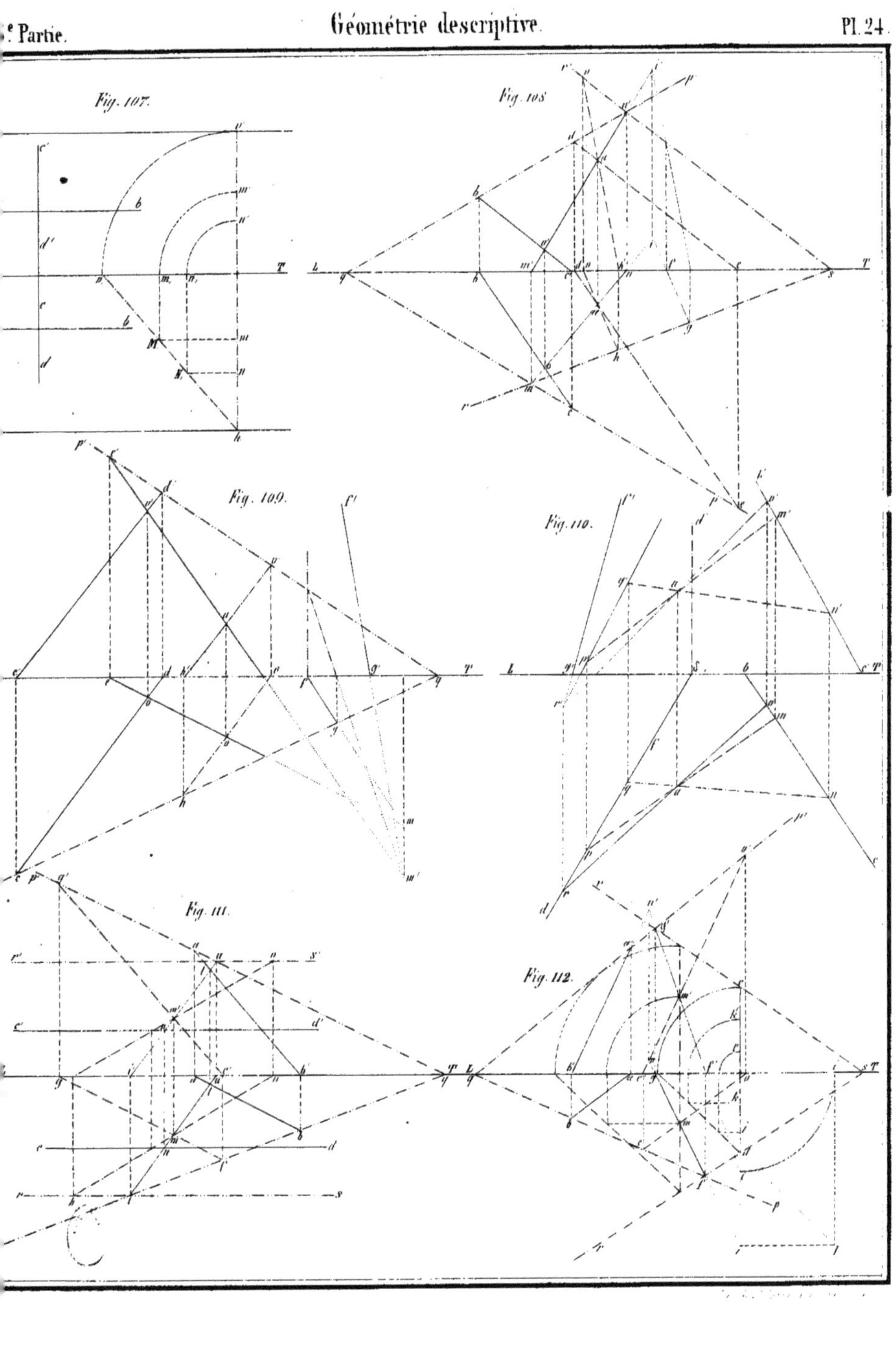
Fig. 107.
Fig. 108.
Fig. 109.
Fig. 110.
Fig. 111.
Fig. 112.

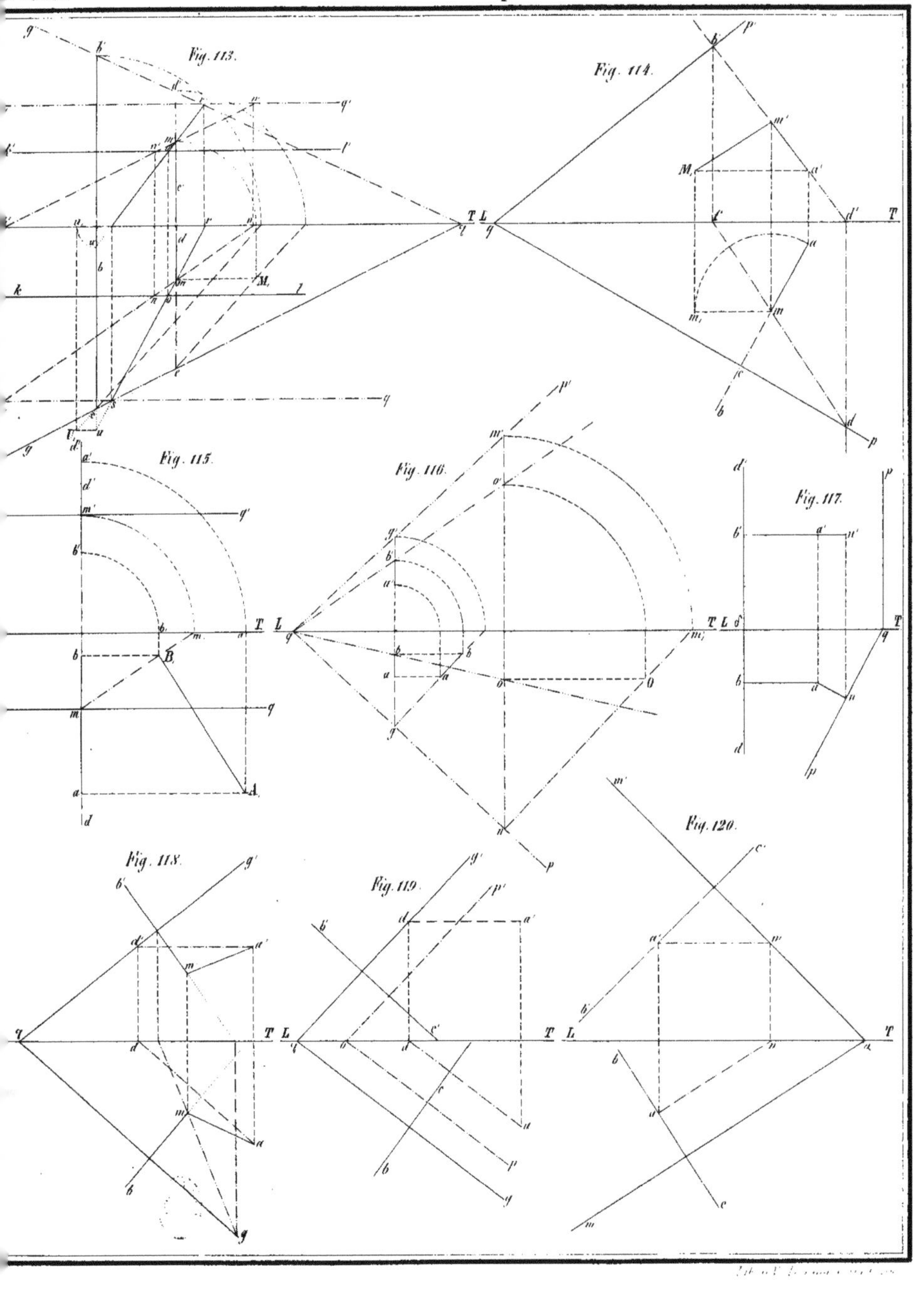

Fig. 113.

Fig. 114.

Fig. 115.

Fig. 116.

Fig. 117.

Fig. 118.

Fig. 119.

Fig. 120.

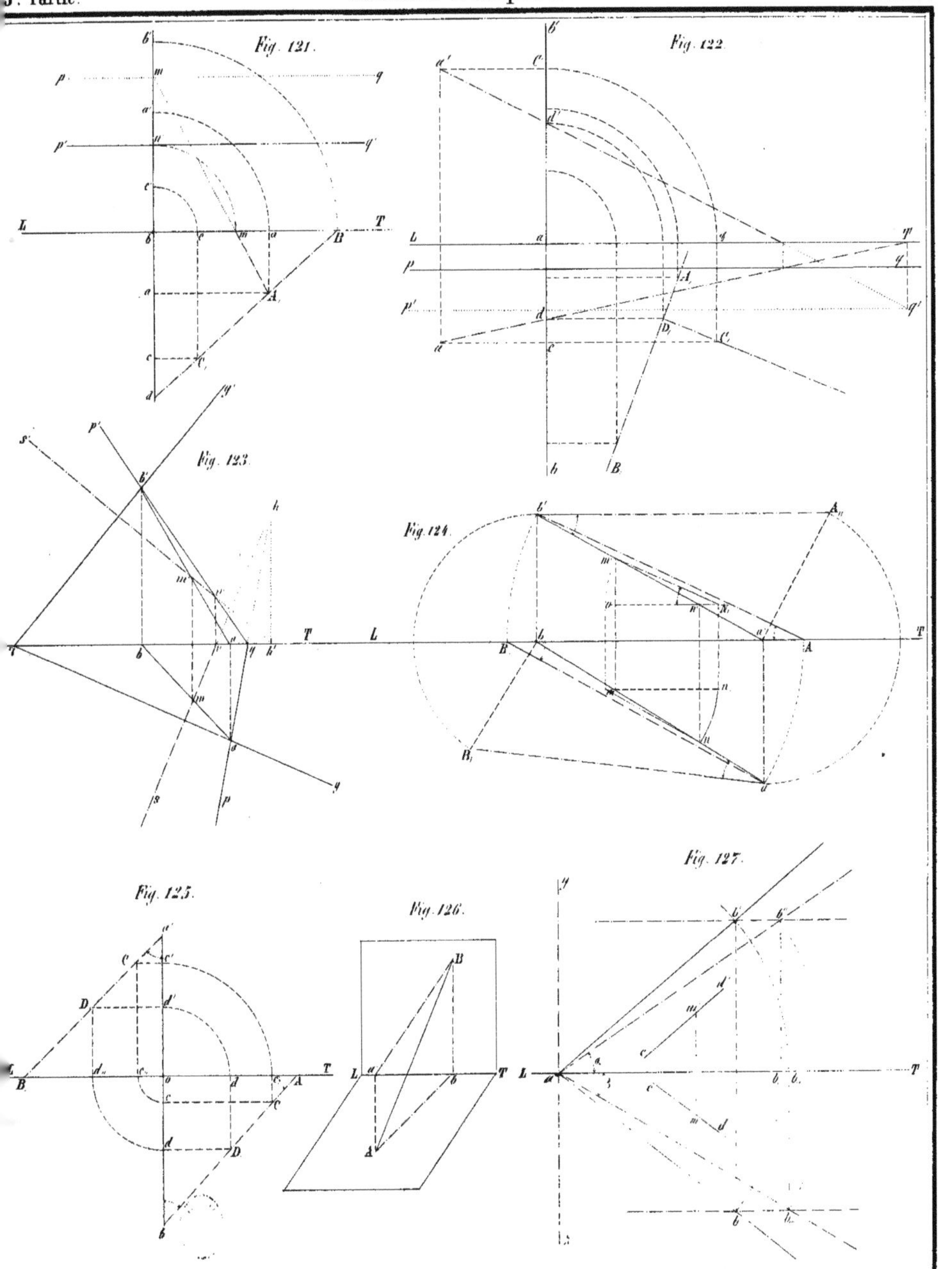
Fig. 121.
Fig. 122.
Fig. 123.
Fig. 124.
Fig. 125.
Fig. 126.
Fig. 127.

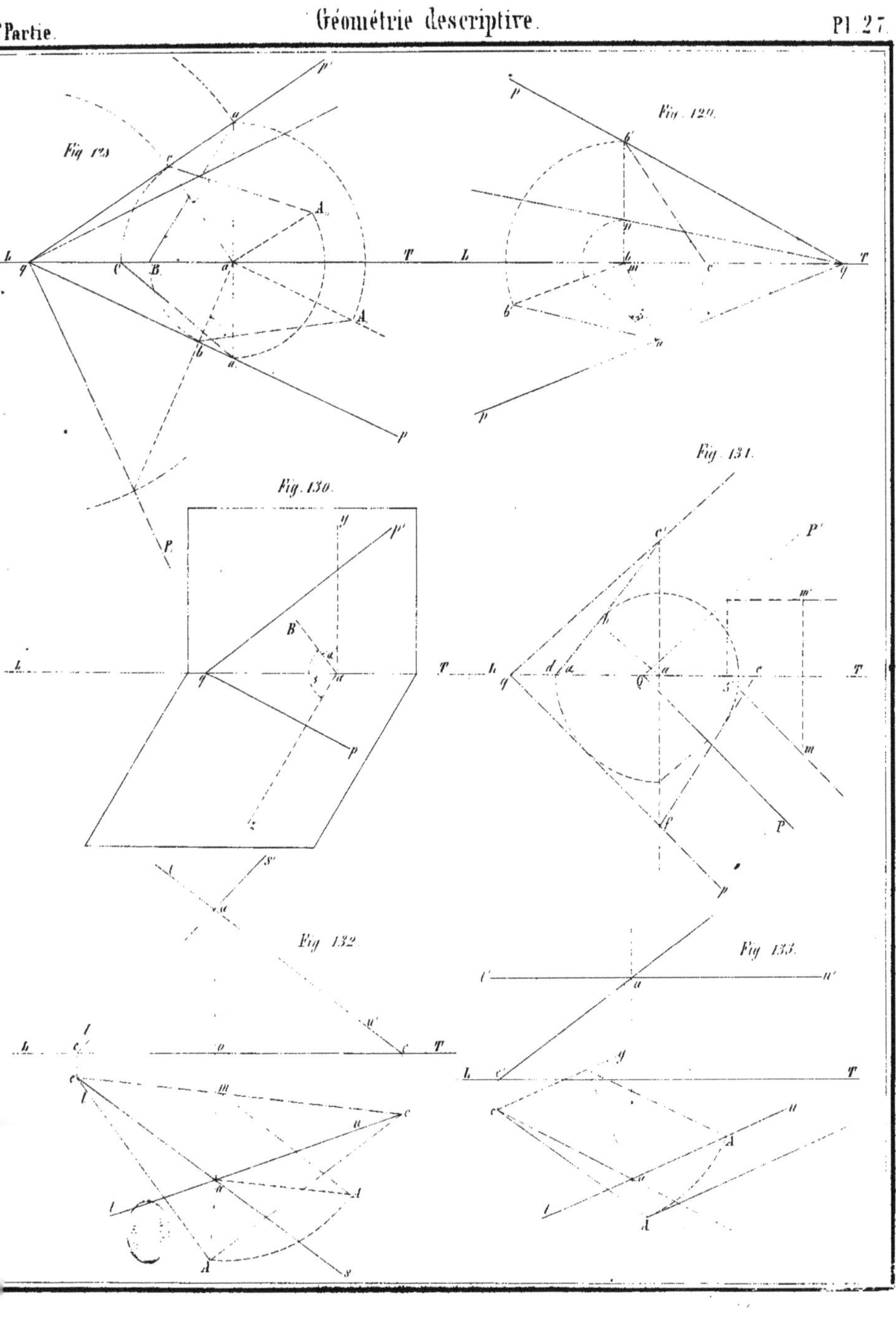

Fig. 128.
Fig. 129.
Fig. 130.
Fig. 131.
Fig. 132.
Fig. 133.

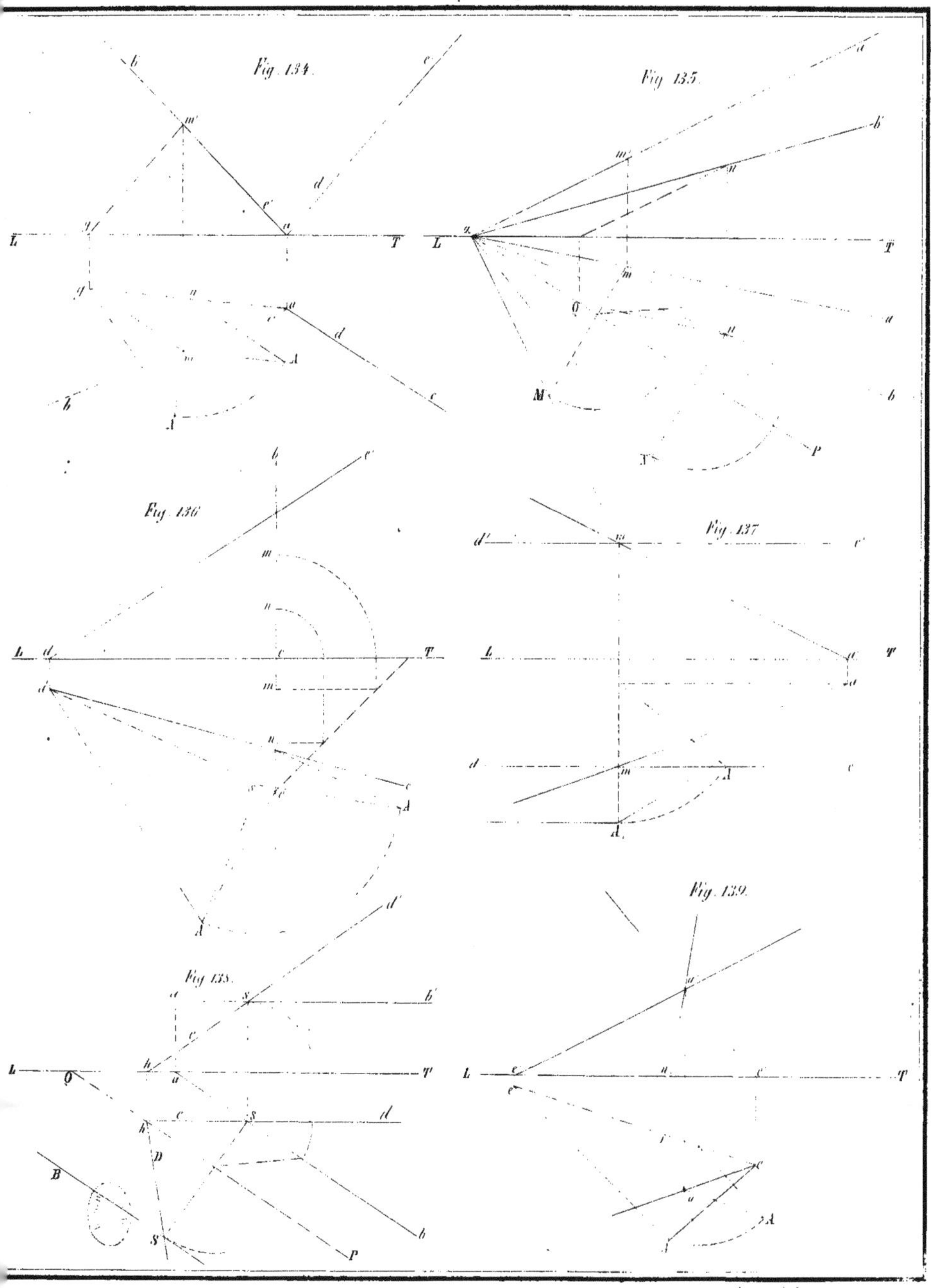

Fig. 134.
Fig. 135.
Fig. 136.
Fig. 137.
Fig. 138.
Fig. 139.

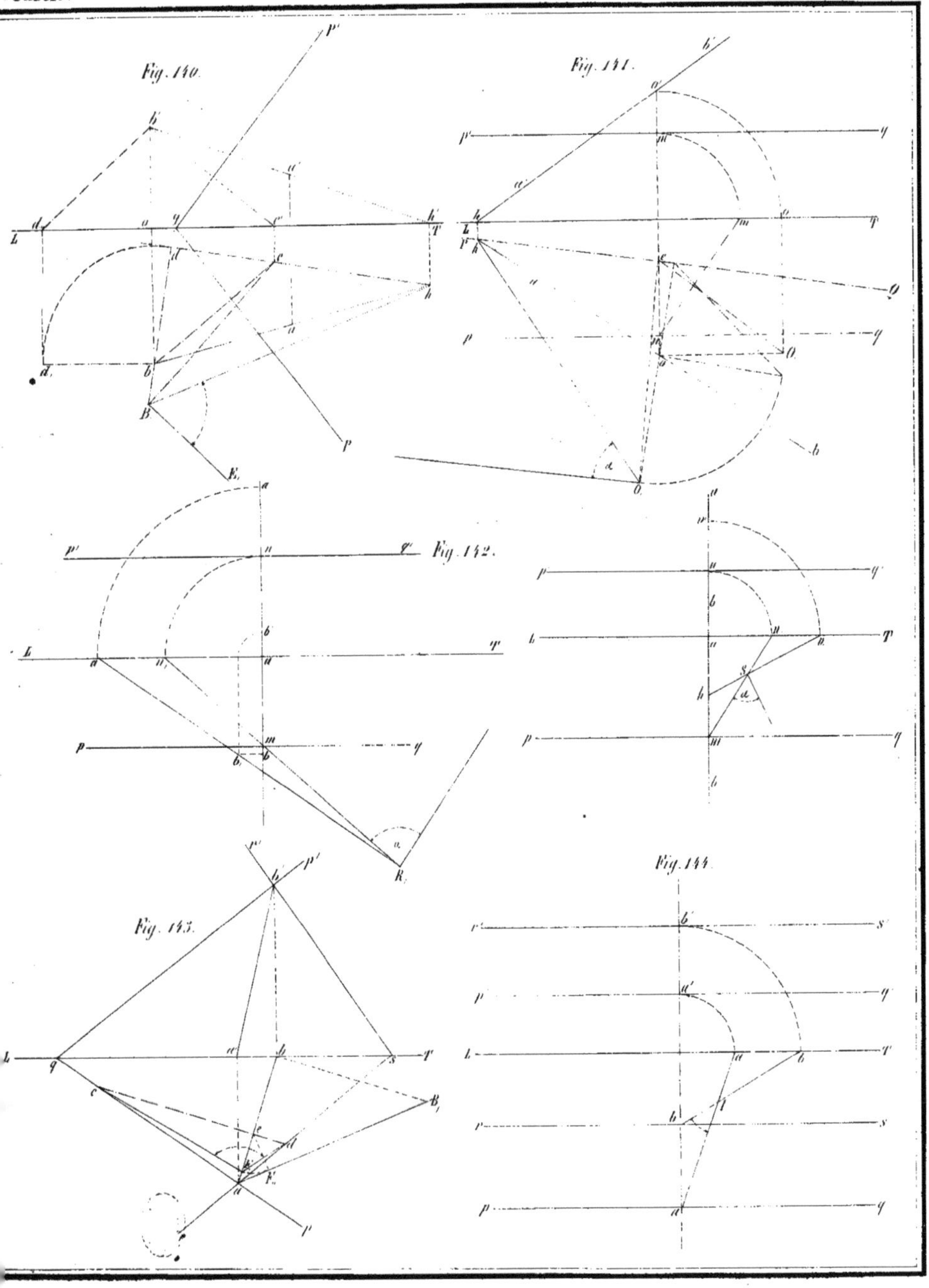

Fig. 140.

Fig. 141.

Fig. 142.

Fig. 143.

Fig. 144.

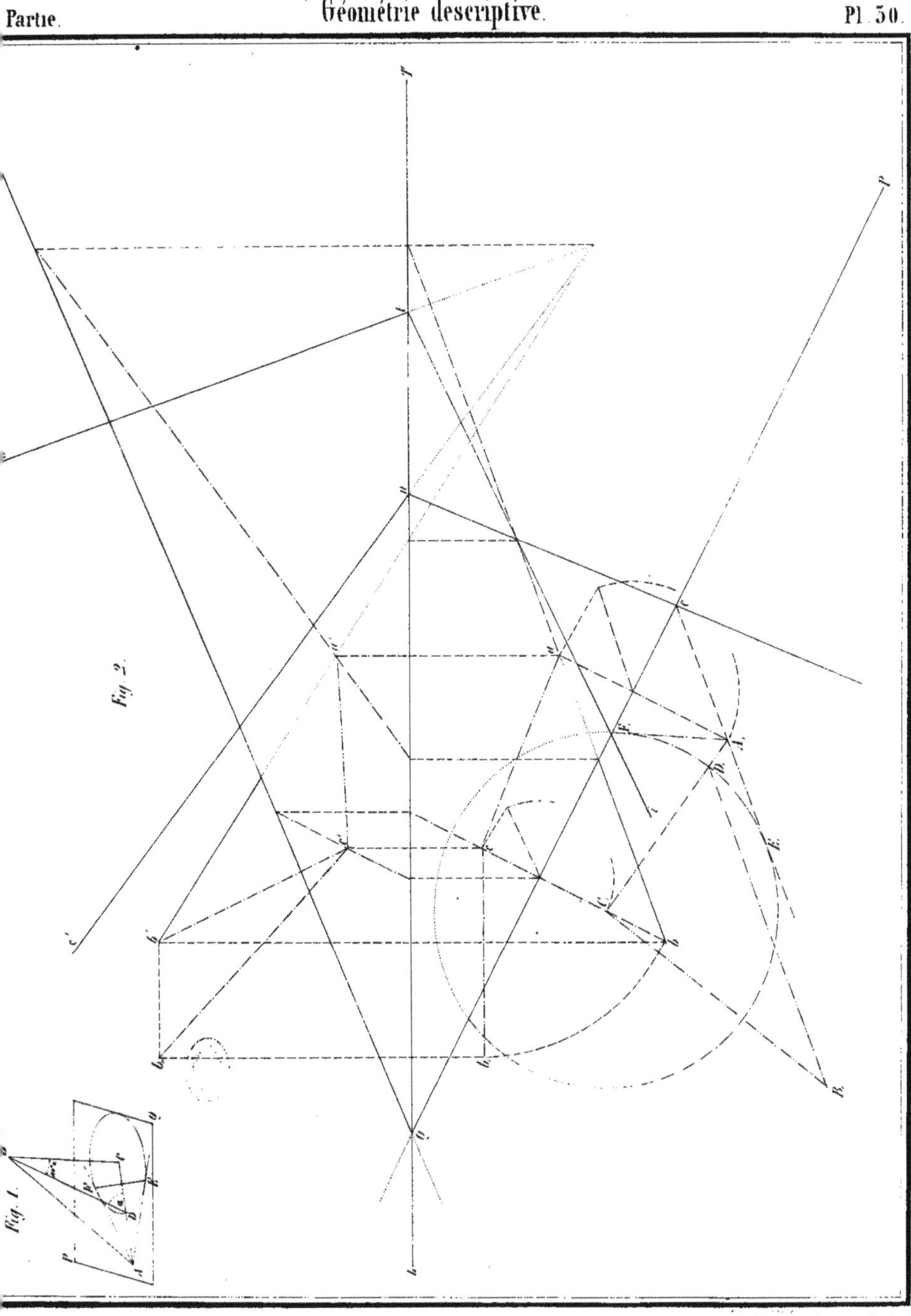
Fig. 2.
Fig. 1.

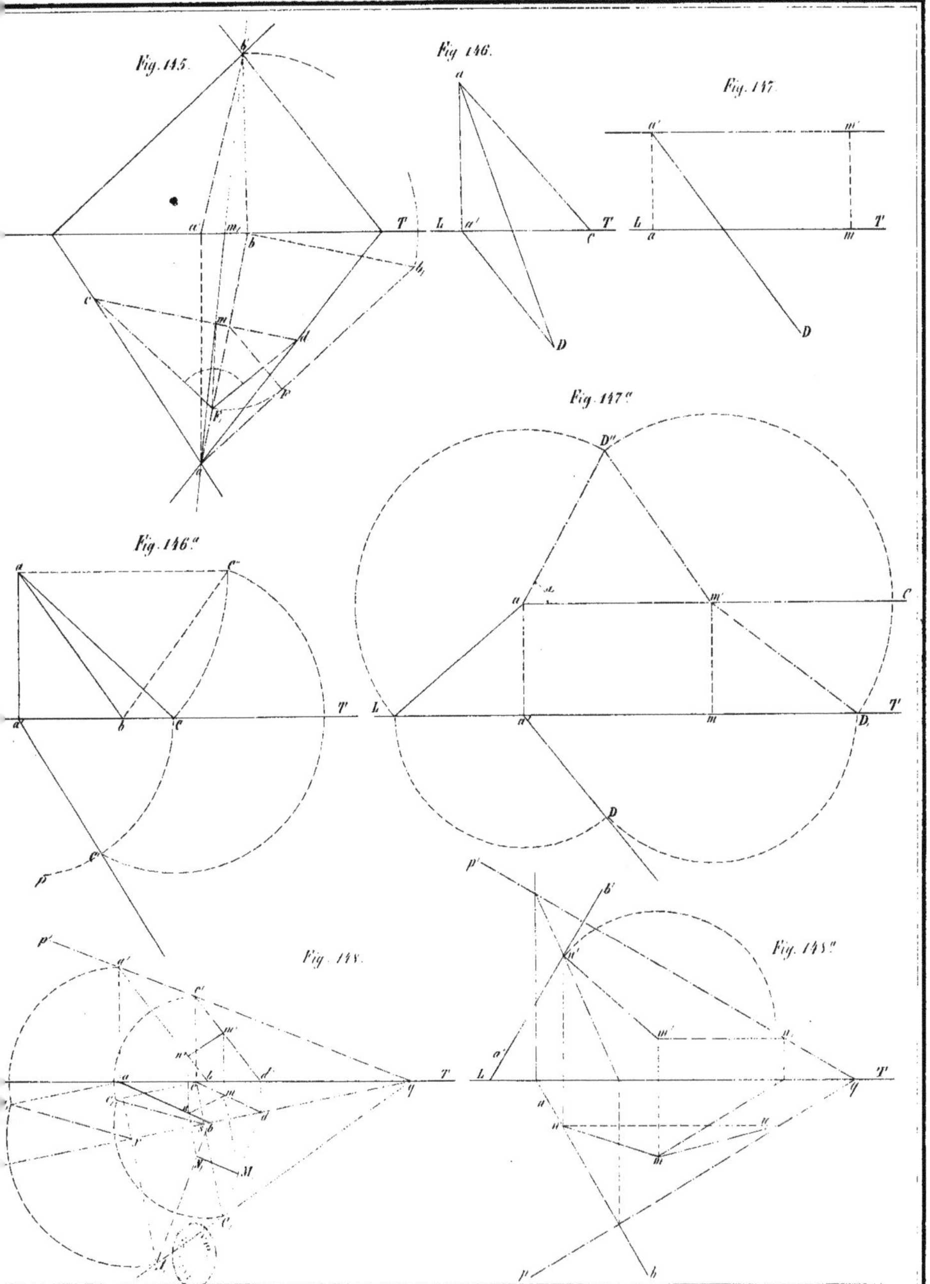
Fig. 145.
Fig. 146.
Fig. 147.
Fig. 147.ª
Fig. 146.ª
Fig. 148.
Fig. 148.ª

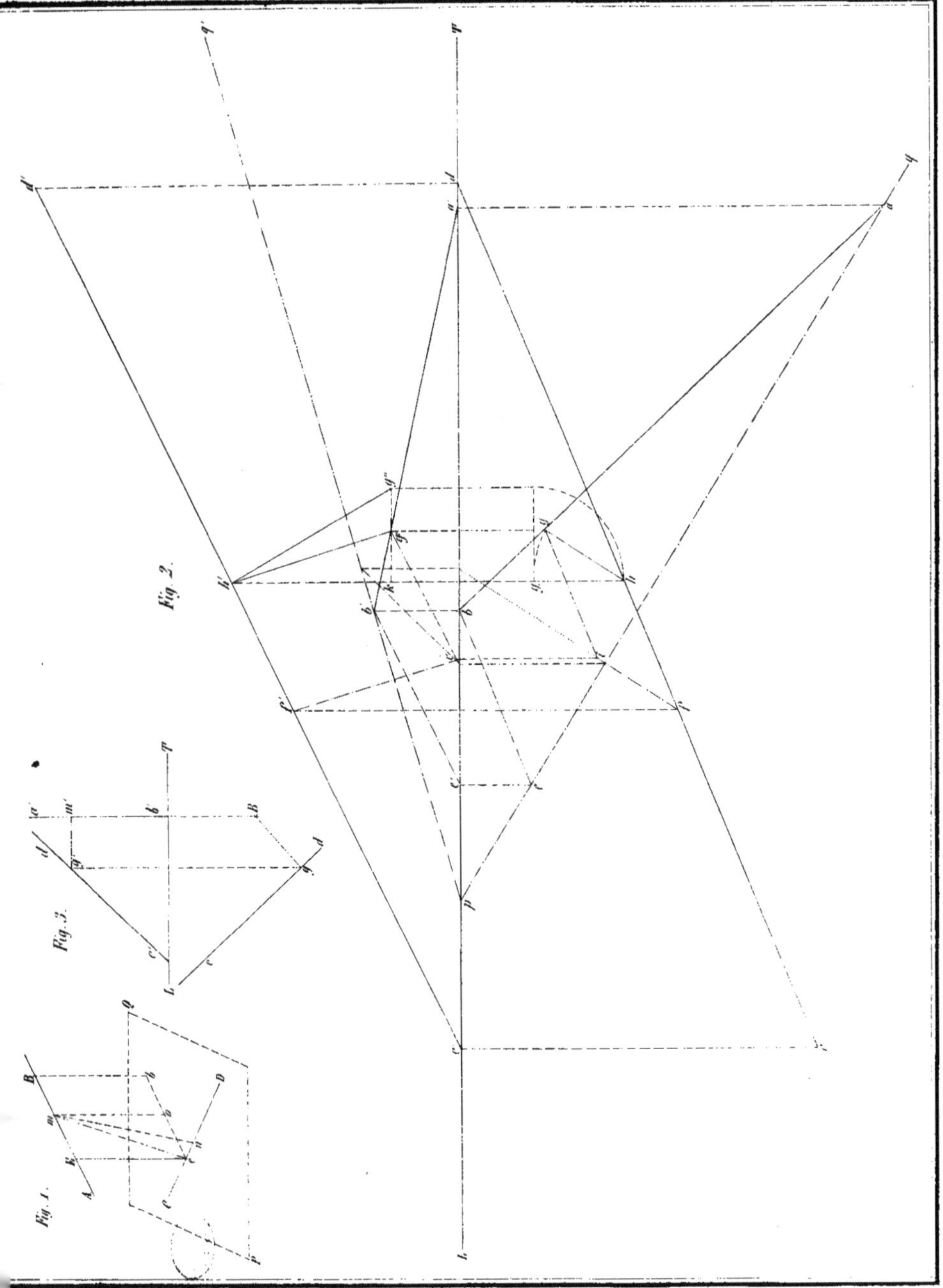

Fig. 1.
Fig. 2.
Fig. 3.

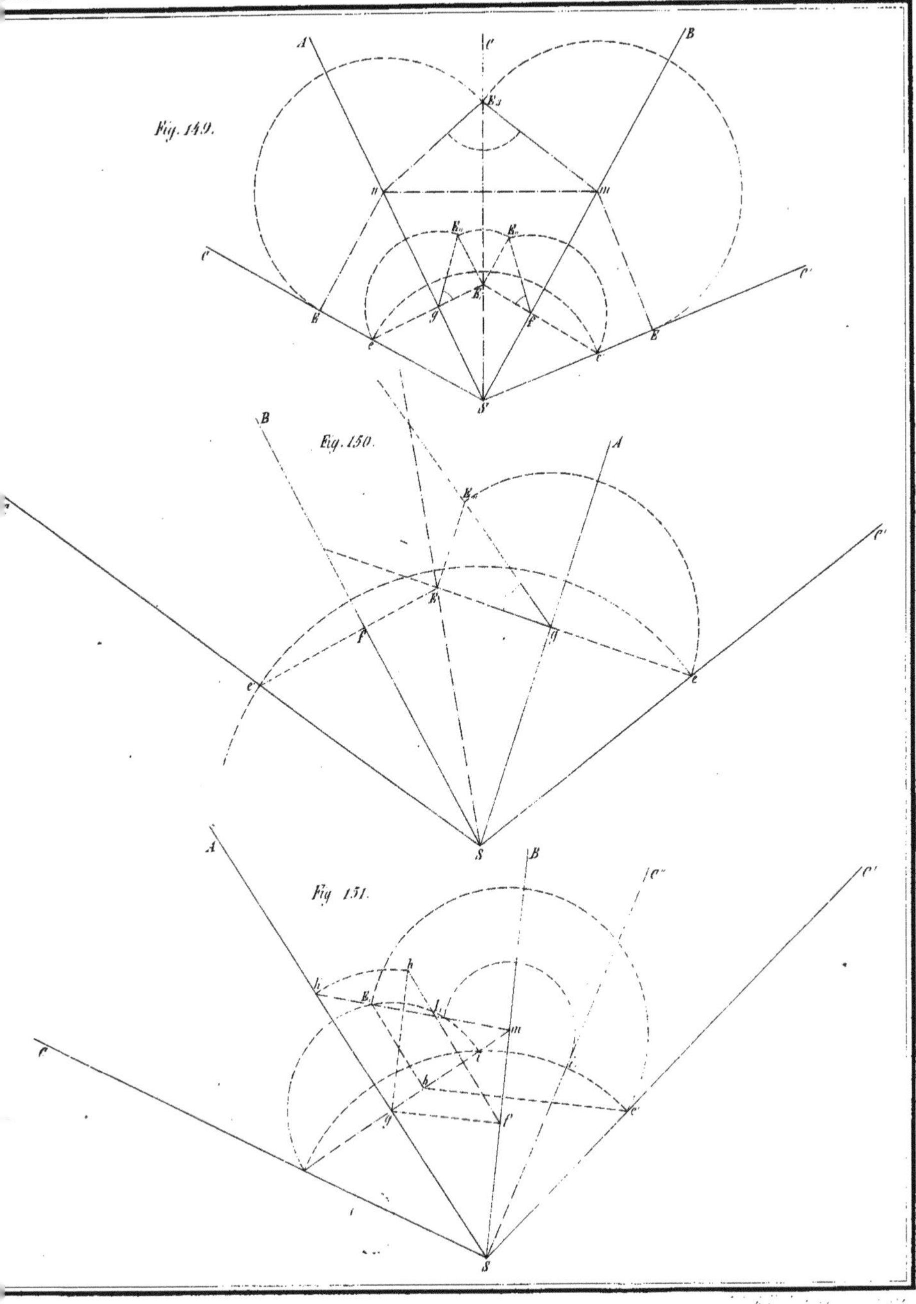

Fig. 149.
Fig. 150.
Fig. 151.

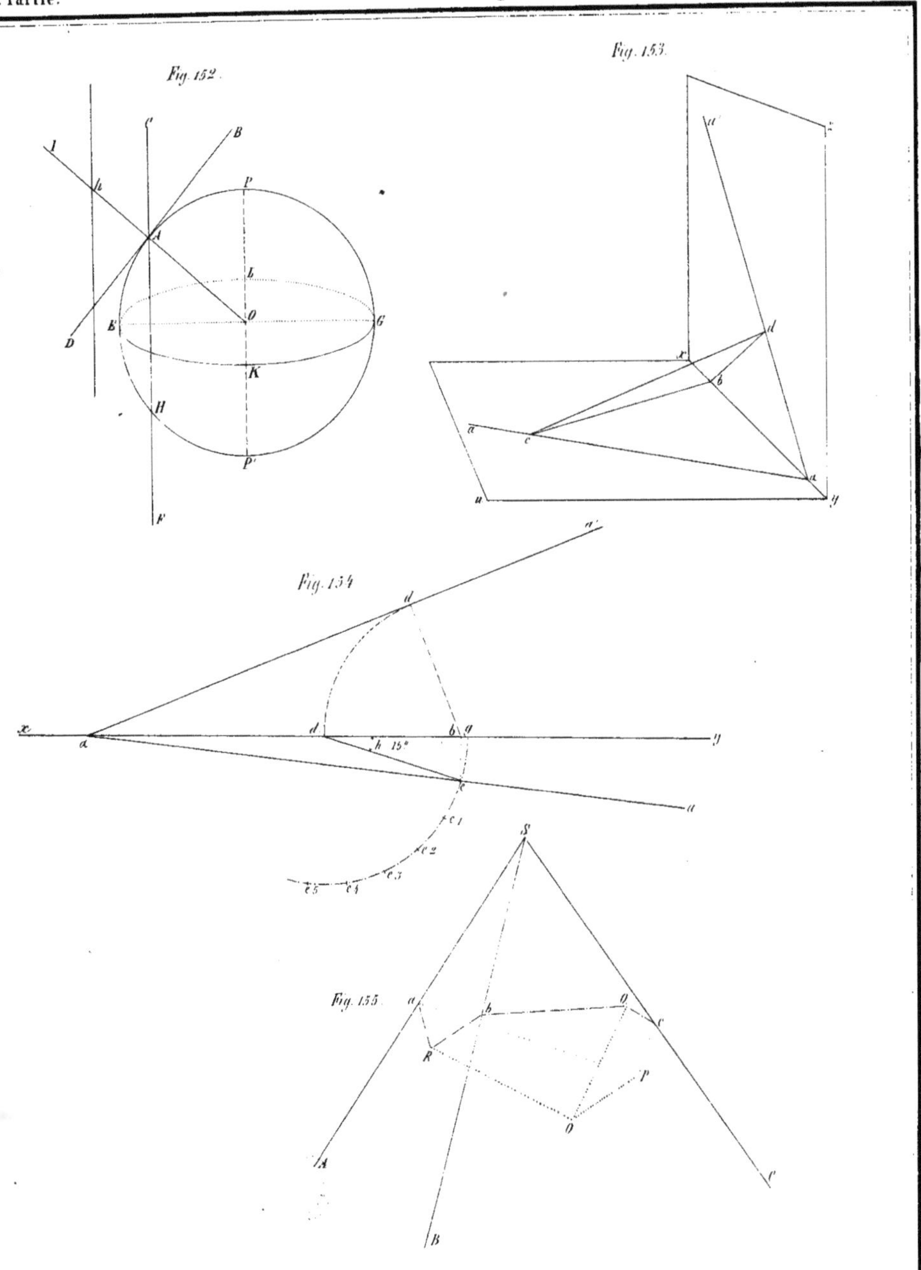
Fig. 152.
Fig. 153.
Fig. 154.
Fig. 155.

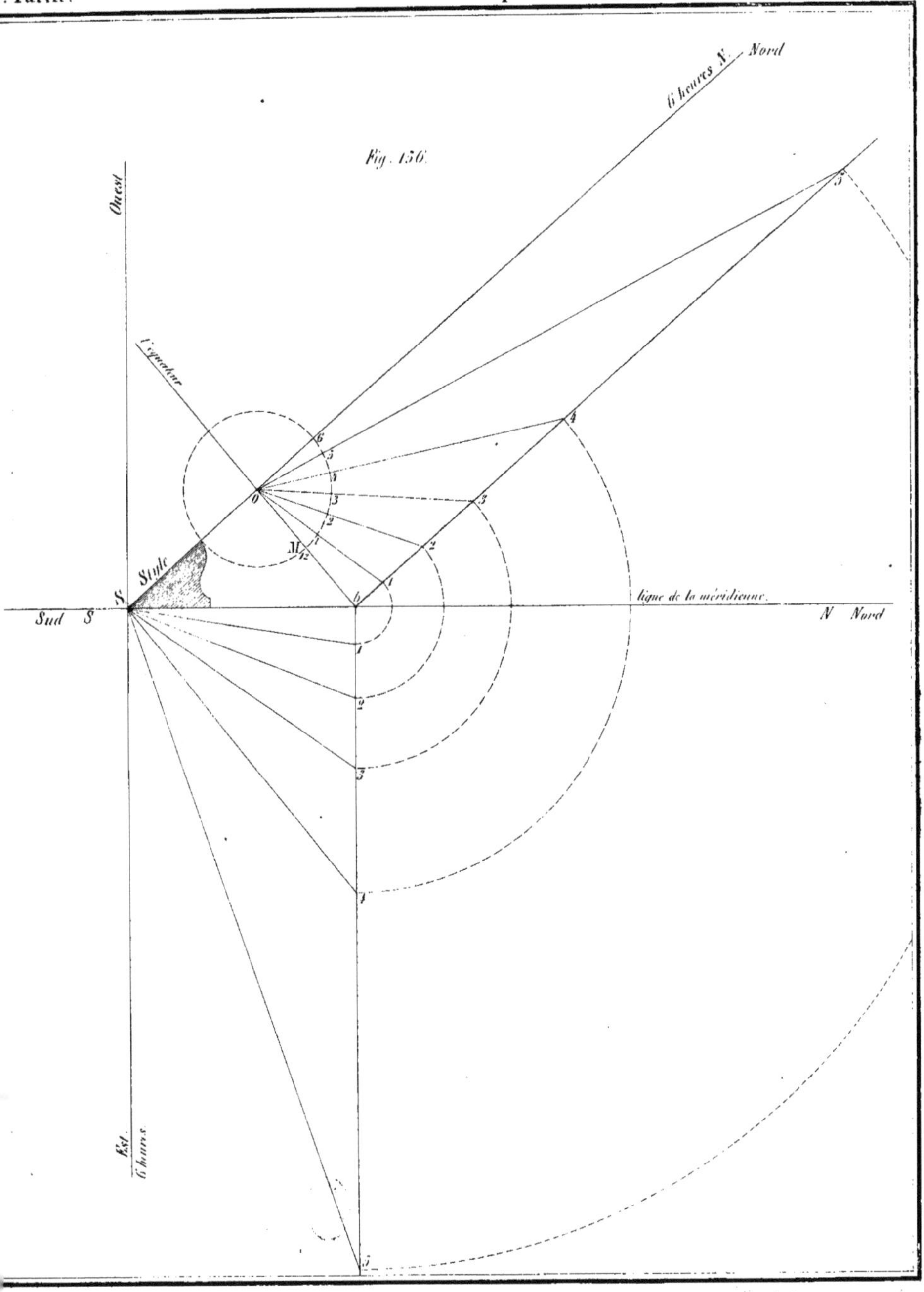

Ouest
6 heures N. Nord
Fig. 156.
l'équateur
6
5
4
3
2
M
Style
S
Sud S
b
ligne de la méridienne.
N Nord
1
2
3
4
Est
6 heures
5

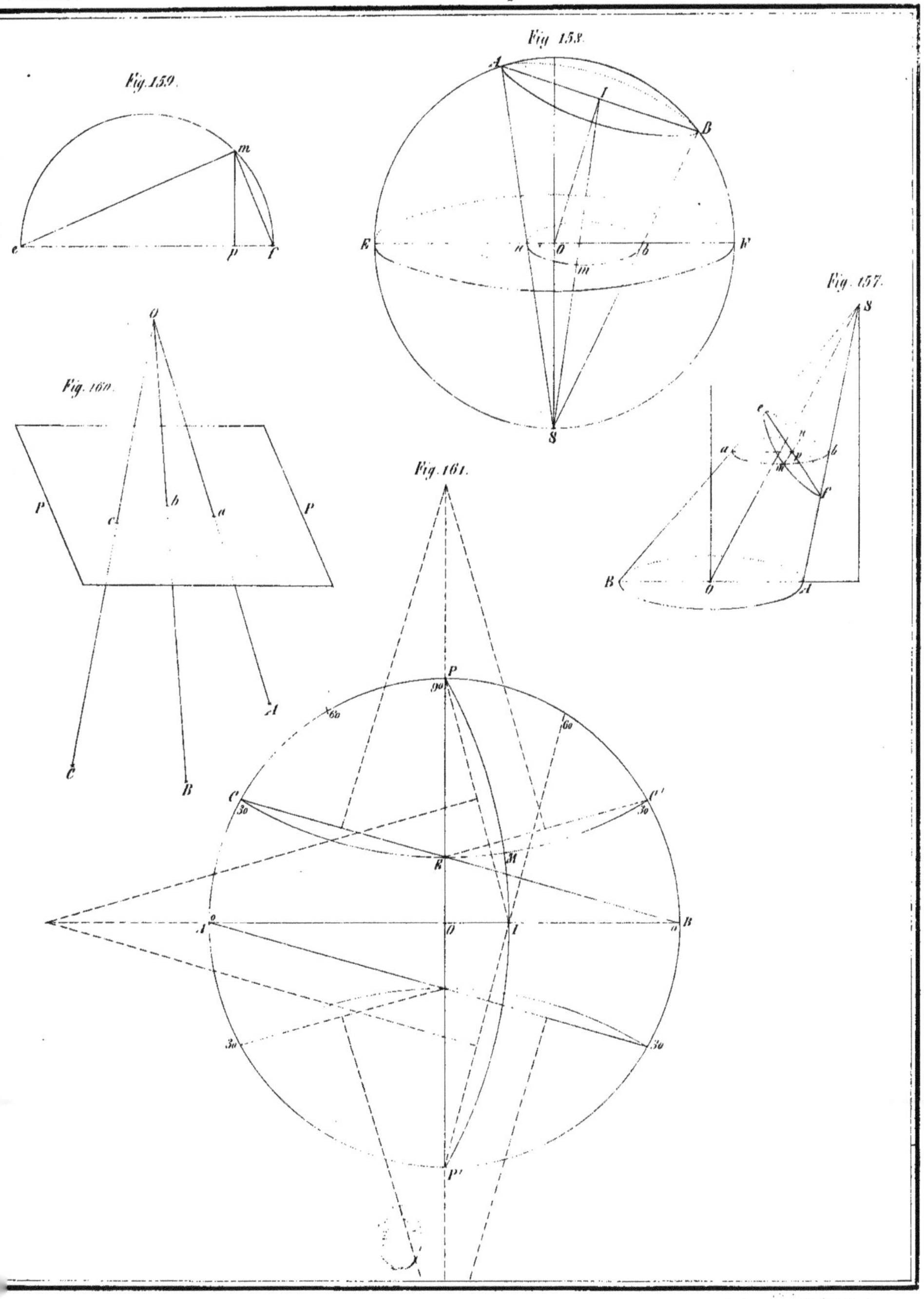
Fig. 159.
Fig. 158.
Fig. 157.
Fig. 160.
Fig. 161.

Trouver l'intersection de trois plans

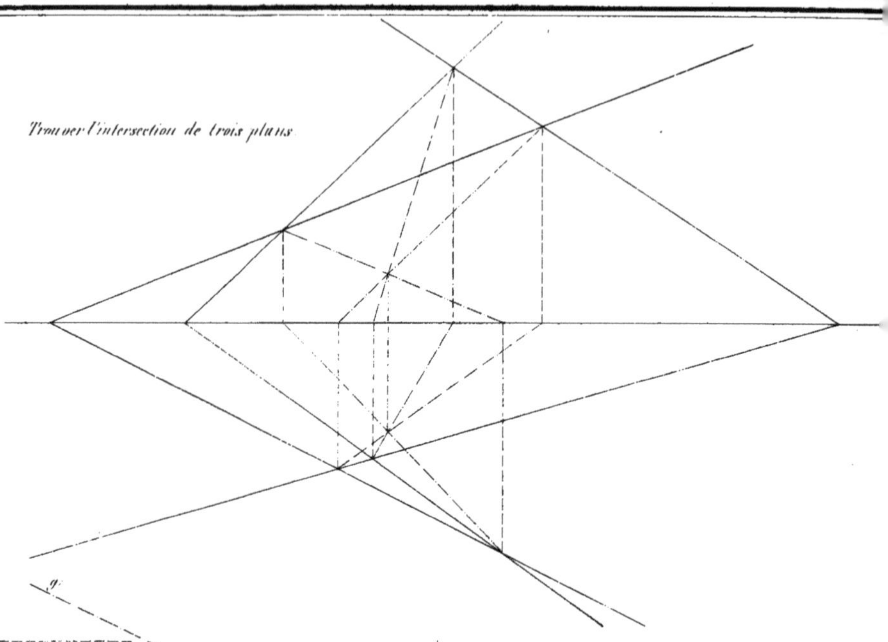

Trouver la distance d'un point
à une droite par rabattement.

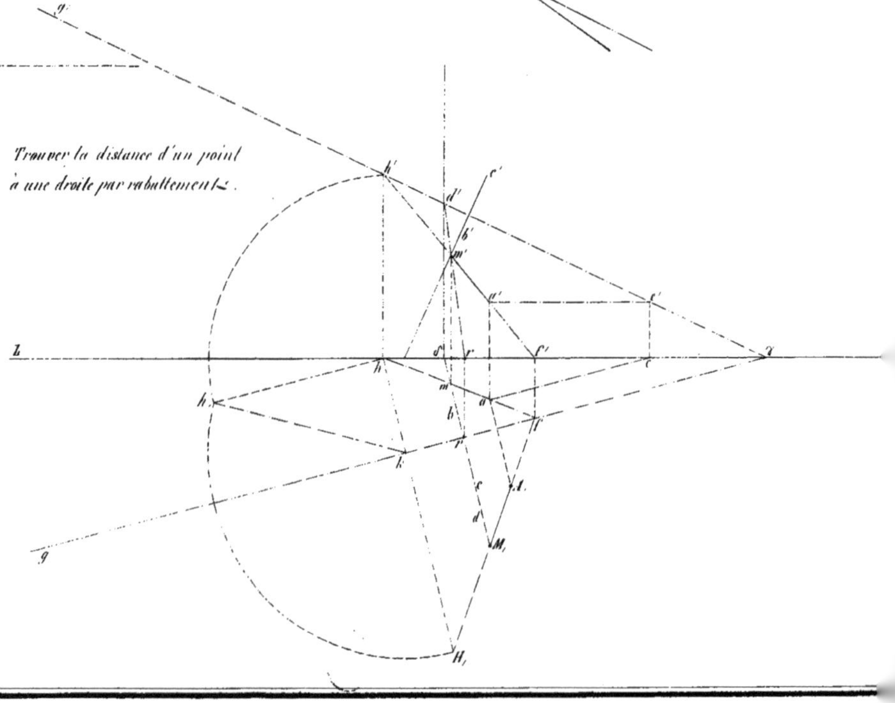

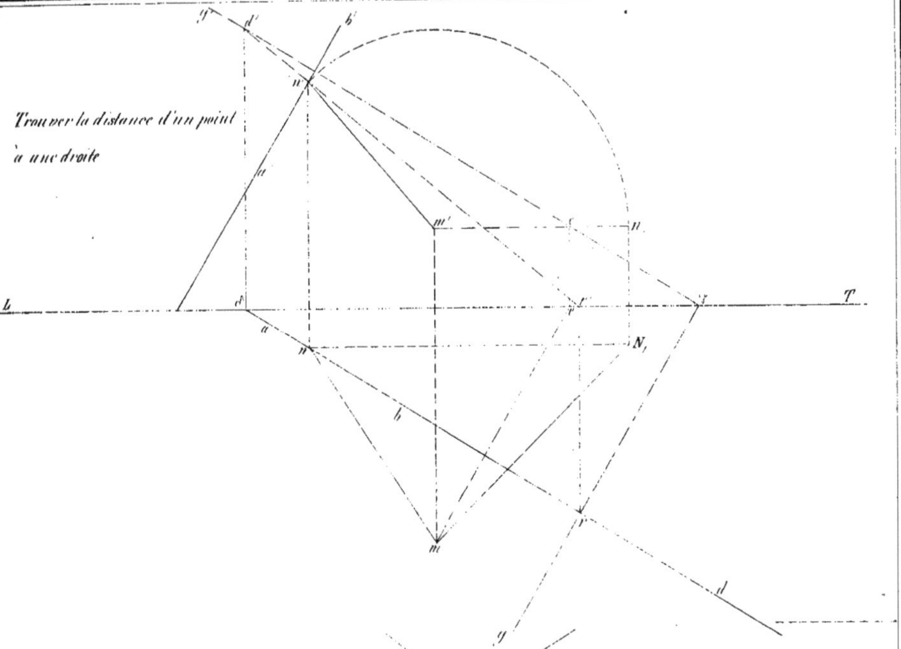

Trouver la distance d'un point
à une droite

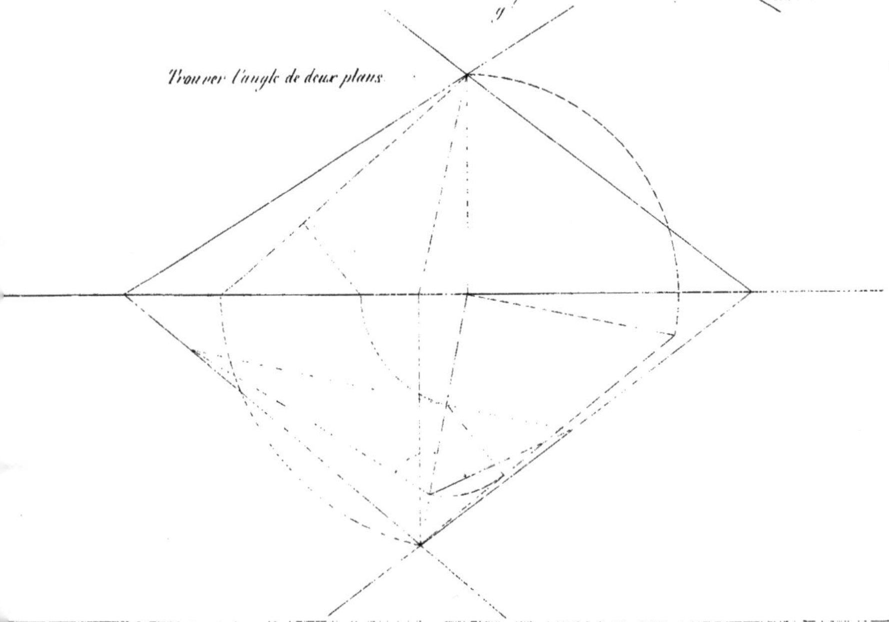

Trouver l'angle de deux plans.